ISBN: 3 – 921 270 – 10 – 3



**Der Privatflugzeugführer**
Band 4 A
FLUGNAVIGATION
Verfasser: Wolfgang Kühr

**Der Privatflugzeugführer**

**Band 4 A FLUGNAVIGATION**


| | |
|---|---|
| ISBN: | 3 – 921 270 – 10 – 3 |
| Verfasser: | Wolfgang Kühr |
| Verlag und Copyright: | Luftfahrtverlag Friedrich Schiffmann GmbH |



| | |
|---|---|
| Herstellung: | Schiffmann-Gruppe<br>D-51427 Bergisch Gladbach<br>Germany<br>Telefon 0 22 04/40 09 13<br>Telefax 0 22 04/40 09 14 |
| Auflage: | November 1995 |

# Vorwort

Vor Ihnen liegt die neueste Ausgabe des Bandes FLUGNAVIGATION aus der Lehrbuchserie „Der Privatflugzeugführer“.

Der Verfasser hat sich nach Kräften bemüht, das wesentliche und unbedingt Notwendige des Stoffgebiets „Flugnavigation“ praxisbezogen und für jedermann verständlich aufzuzeigen. Über 100 Abbildungen, zum großen Teil farbig, sollen dieses Vorhaben unterstützen.

Neulinge unter den Luftfahrern werden sinnvoll mit dem lebenswichtigen Thema vertraut gemacht. „Alte Hasen“ werden bei der Lektüre feststellen, daß sie eine Menge verschüttetes Wissen wieder verwendbar machen können; vielleicht gibt es sogar hier und da Dinge, die man überhaupt noch nicht wußte oder deren Zusammenhänge nie klar wurden.

Verfasser und Verlag würden sich freuen, wenn dieser Band dazu beiträgt, daß Privatflugzeugführer sich mit einem Höchstmaß an Sicherheit durch den Luftraum bewegen.

November 1995

Verfasser
Wolfgang Kühr

Verleger
Luftfahrtverlag Friedrich Schiffmann GmbH

# INHALTSÜBERSICHT – gegliedert nach Stoffgebieten


| Seite | Kapitel | | Abbildung | | |
|---|---|---|---|---|---|
| | **A.** | **Grundlagen der Flugnavigation** | | | |
| 8 | **1.0** | **Einführung · Arten der Flugnavigation** | Abb. | 1 | Flugnavigation (allgemein) S.7 ! |
| 9 | 1.1 | Die Sicht- oder terrestrische Navigation | Abb. | 2 | Sichtnavigation |
| 10 | 1.2 | Die Koppelnavigation | Abb. | 3 | Die Koppelnavigation |
| 11 | 1.3 | Die Funknavigation | Abb. | 4 | Die Funknavigation |
| 12 | 1.4 | Andere Flugnavigationsverfahren | | | |
| | 1.4.1 | Astronomische Navigation | | | |
| | 1.4.2 | Die Doppler-Navigation | | | |
| | 1.4.3 | Die Trägheitsnavigation | | | |
| 13 | 1.4.4 | Die barometrische oder Druckflächennav. | Abb. | 5 | Gliederung der Flugnavigation |
| | 1.5 | Zusammenfassende Bemerkungen | | | |
| 14 | **2.0** | **Die Gestalt der 'ERDE'** | Abb. | 6 | Die Gestalt der Erde |
| 15 | 2.1 | Standortfestlegungen, Richtungen und Entfernungen auf der Erde | Abb. | 7 | Teilung durch die Großkreise |
| | 2.1.1 | Standortfestlegung | | | |
| 16 | | | Abb. | 8 | Kleinkreise (Breitenkreise) |
| 17 | 2.1.1.1 | Geogr. Breite und geogr. Länge | Abb. | 9 | Das Gradnetz der Erde |
| 18 | | | Abb. | 10 | Messung der geogr. Breiten |
| 19 | | | Abb. | 11 | Messung der geogr. Längen |
| 20 | | | Abb. | 12 | Bestimmung eines Ortes nach Länge und Breite |
| 21 | 2.1.1.1 | Breiten- u. Längenunterschied, Mittelbreite und Abweitung | Abb. | 13 | Geogr. Breite und Länge |
| 22 | | | Abb. | 14 | Längenunterschied |
| 24 | | | Abb. | 15 | Abweitung und Konvergenz |
| 25 | 2.1.2 | Entfernungs- und Geschwindigkeitsmaße | | | |
| | 2.1.2.1 | Die Seemeile (Nautical Mile) | | | |
| | 2.1.2.2 | Die englische Landmeile (Statute Mile) | | | |
| | 2.1.2.3 | Der Kilometer | | | |
| 26 | 2.1.2.4 | Geschwindigkeitsmaße | Abb. | 16 | Umrechnungstabelle für Längenmaße |
| 27 | 2.1.2.5 | Maßeinheiten nach ICAO (Anhang 5) | | | |
| 28 | 2.1.3 | Richtungen, Bezugsrichtungen, Kursarten und Peilungen | Abb. | 17 | Die Kompaßrose |
| | 2.1.3.1 | Richtungen auf der Erdoberfläche | | | |
| 29 | 2.1.3.2 | Bezugsrichtungen in der Flugnavigation | Abb. | 18 | Rechtweisend NORD |
| 30 | | | Abb. | 19 | Mißweisend NORD / Ortsmißweisung |
| 31 | 2.1.3.3 | Kursarten und deren Benennung | Abb. | 20 | Kompaßnord und Komp.-Ablenkung |
| 32 | | | Abb. | 21 | Der rechtweisende Kurs |
| 33 | | | Abb. | 22 | Der rechtweisende Steuerkurs |
| | | | Abb. | 23 | Der mißweisende Steuerkurs |
| 34 | 2.1.3.4 | Peilungen und deren Bezeichnung | Abb. | 24 | Der Kompaßsteuerkurs |
| 35 | | | Abb. | 25 | Rechtweisende Peilung |
| 36 | 2.1.4 | Der Großkreis und die Kursgleiche | Abb. | 26 | Mißweisende Peilung |
| | 2.1.4.1 | Großkreis, -entfernung und -richtung | | | |
| 37 | | | Abb. | 27 | Großkreis als kürzeste Verbindung |
| | | | Abb. | 28 | Änderung der Großkreisrichtung |
| 38 | 2.1.4.2 | Die Kursgleiche (Loxodrome) | Abb. | 29 | Großkreis und Kursgleiche |
| 39 | 2.1.4.3 | Vergleich zwischen Loxo- und Orthodrome | Abb. | 30 | Entfernungsunterschiede zwischen Kursgleiche und Großkreis |
| 40 | **3.0** | **Die Zeit** | Abb. | 31 | Sonnenumkreisung durch die Erde |
| | 3.1 | Sonnensystem mit Planeten | | | |
| | 3.2 | Das Jahr | | | |
| 41 | 3.3 | Der Tag | Abb. | 32 | Die Sonnenwendepunkte |
| 42 | 3.3.1 | Der mittlere Sonnentag (Bürgerlicher Tag) | Abb. | 33 | Umrechnung von Bogen- in Zeitmaß |
| | 3.3.2 | Die Zeit und geograph. Länge | | | |

| Seite | Kapitel | | Abbildung | | |
|---|---|---|---|---|---|
| 43 | **3.4** | **Zeitsysteme und Zeitbezeichnungen** | | | |
| 44 | 3.4.1 | Die mittlere Ortszeit | | | |
| | 3.4.2 | Die koordinierte Weltzeit (UTC) | Abb. | 34 | Die koordinierte Weltzeit (UTC) |
| 45 | 3.4.3 | Die gesetzliche oder Normalzeit | | | |
| 46 | 3.4.4 | Die Zonenzeit | Abb. | 35 | Die Zeitzonen und Zonenzeiten |
| 47 | **3.5** | **Sonnenauf-, untergang, Dämmerung, Nacht** | | | |
| | 3.5.1 | Sonnenauf - und Untergang | | | |
| | 3.5.2 | Die Dämmerung | | | |
| | 3.5.3 | Die Nacht | | | |
| 48 | **4.0** | **Karten für die Luftfahrt** | Abb. | 36 | Maßstabangabe auf der Karte |
| | **4.1** | **Anforderung an Luftfahrtkarten** | | | |
| | 4.1.1 | Der Maßstab | | | |
| 49 | 4.1.2 | Form - und Winkeltreue | Abb. | 37 | Die Meridiane |
| 50 | 4.1.3 | Die ideale Karte | Abb. | 38 | Form - und Winkeltreue |
| 51 | **4.2** | **Gebräuchliche Projektionsarten für Luftfahrtkarten** | | | |
| 52 | 4.2.1 | Kegelprojektionen | Abb. | 39 | Die Berührungskegelprojektion mit einem Bezugsbreitenkreis |
| 53 | | | Abb. | 40 | Schnittkegelprojektion mit zwei Bezugsbreitenkreisen |
| 54 | 4.2.1 1 | Lambertsche Schnittkegelprojektion | Abb. | 41 | Winkeltreue Schnittkegelprojektion |
| | | | Abb. | 42 | Maßstababweichung bei 'Lambert' |
| 55 | | | Abb. | 43 | Das Gradnetz der Erde auf der Lambert'schen Schnittkegelkarte |
| 56 | 4.2.2 | Zylinderprojektionen | Abb. | 44 | Großkreis und Kursgleiche auf der Lambert Schnittkegelkarte |
| | | | Abb. | 45 | Einfache Zylinderprojektion |
| 57 | 4.2.2.1 | Die MERCATOR - Projektion | Abb. | 46 | Die MERCATOR - Projektion |
| 58 | | | Abb. | 47 | Gradnetz der Mercator - Karte |
| 59 | | | Abb. | 48 | Gegenüberstellung der Eigenschaften der Mercator - und Lambertkarte |
| 60 | 4.2.3 | Azimutal - Projektionen | Abb. | 49 | Azimutal - Projektionen |
| | | | Abb. | 50 | Stereograph. u. gnomon. Projektion |
| 61 | | | Abb. | 51 | Übersichtstabelle Azimutal - Projekt. |
| 62 | **4.3** | **Entnahme von Kursen und Entfernungen** | Abb. | 52 | Kurs - u. Entfernungsbestimmung |
| | 4.3.1 | Entnahme von Kursen (aus Lambertkarte) | | | |
| 63 | 4.3.2 | Entnahme von Entfernungen (aus Lambert) | | | |
| | **4.4** | **Arten von Luftfahrtkarten und -symbole** | | | |
| | 4.4.1 | Die Weltluftfahrtkarte ICAO | | | |
| | 4.4.2 | Luftfahrtkarten für die BRD | | | |
| | 4.4.2.1 | Karten für die Flugnavigation | | | |
| 65 | 4.4.2.2 | Sichtanflug - und Landekarten | Abb. | 53 | Schnittplan für Kartenwerk 1 : 500000 |
| 66 | 4.4.2.3 | Flugplatzkarten I C A O | Abb. | 54 | Sichtanflugkarte |
| | | | Abb. | 55 | Flugplatzkarte |
| 67 | **4.5** | **Wichtige Kartensymbole - Kartenlesen** | | | |
| 70 | **5.0** | **Der Magnetkompaß** | Abb. | 56 | Aufbau eines Flgz. - Magnetkompaß |
| 71 | **5.1** | **Das Magnetfeld der Erde** | Abb. | 57 | Der Steuerstrich (um 180° versetzt) |
| 72 | | | Abb. | 58 | Das Magnetfeld der Erde |
| | | | Abb. | 59 | Ausrichtung der Magnetnadel nach MN |
| 73 | 5.1.1 | Die Ortsmißweisung | Abb. | 60 | Östliche Ortsmißweisung |
| | | | Abb. | 61 | Mißweisender Steuerkurs |
| 74 | | | Abb. | 62 | Westliche Ortsmißweisung |
| | | | Abb. | 63 | Der mißweisende Steuerkurs |
| 76 | | | Abb. | 64 | Isogonen |
| 77 | 5.1.2 | Die Kompaßablenkung (Deviation) | Abb. | 65 | Agonen (Keine Ortsmißweisung) |
| 78 | | | Abb. | 66 | Deviationstabelle |
| | | | Abb. | 67 | Östliche Deviation |

| Seite | Kapitel | | Abbildung | | |
|---|---|---|---|---|---|
| 79 | | | Abb. | 68 | Westliche Deviation |
| 80 | 5.1.3 | Die Inklination | Abb. | 69 | Die Inklination |
| 81 | 5.1.3.1 | Der Kompaßdrehfehler | Abb. | 70 | Kompaßdrehfehler bei Nordkurs |
| 82 | 5.1.3.2 | Der Beschleunigungsfehler (Nordhalbkugel) | Abb. | 71 | Kompaßdrehfehler bei Südkurs |
| | | | Abb. | 72 | Beschleunigungsfehler bei Ostkurs |
| 83 | | | Abb. | 73 | Kompaßdrehfehler (Kurven u. Beschl.) |
| 84 | **6.0** | **Grundlagen der Koppelnavigation** | | | |
| | **6.1** | **Der Einfluß des Windes auf ein Flugzeug** | | | |
| 85 | | | Abb. | 74 a | Windstille / 74 b - Westwind |
| 86 | | | Abb. | 74 c | Ostwind |
| | | | Abb. | 75 a | Seitenwindeinfluß auf Flugzeuge |
| 87 | | | Abb. | 75 b | Die Abtrift |
| 88 | | | Abb. | 75 c | Der Luvwinkel |
| 89 | | | Abb. | 76 | Windeinfluß auf Flugzeuge |
| 90 | **6.2** | **Das Winddreieck zur Lösung von Navigationsaufgaben** | Abb. | 77 | Der Luvwinkel |
| | 6.2.0 | Allgemeines | | | |
| 91 | 6.2.1 | Die Vektoren des Winddreiecks | Abb. | 78 | Vektor - Beschreibung |
| 92 | 6.2.2 | Konstruktion eines Winddreiecks, Bestandteile, Symbole und Bezeichnungen | | | |
| 93 | | | Abb. | 79 | Bestandteile des Winddreiecks |
| 94 | | | Abb. | 80 | Abkürzungen im Winddreieck |
| 95 | 6.2.3 | Die praktische Anwendung des Windreiecks | | | |
| 96 | | | Abb. | 81 | Ermittlung von WCA, TH u. GS |
| 97 | | | Abb. | 82 | Das Kursschema |
| 98 | **6.3** | **Koppelnavigation (Wichtige Bemerkungen)** | | | |
| 99 | 6.3.1 | Zeit-, Weg-, Geschwindigkeits- und Kraftstoffberechnungen | | | |
| 101 | 6.3.2 | Windstillepunkt, Koppelort, Standort | | | |
| 102 | 6.3.2.1 | Kursverbesserung mit 1 : 60 Regel | | | |
| 103 | | | Abb. | 83 | Anwendung der 1 : 60 Regel |
| 104 | **7.0** | **Der Navigationsrechner** | | | |
| | **7.1** | **Die Vorderseite des Rechners** | | | |
| | 7.1.1 | Die Skalen des Navigationsrechners | | | |
| | 7.1.1.1 | Die drehbare Innenscheibe | | | |
| | 7.1.1.2 | Mittelfeld der drehbaren Scheibe | | | |
| 105 | **7.2** | **Die Rückseite des Rechners** | Abb. | 84 | Vorder- und Rückseite des Rechners |
| | 7.2.1 | Der feste Außenring | | | |
| | 7.2.2 | Der drehbare Innenring | | | |
| 106 | **7.3** | **Rechnungen auf der Vorderseite** | | | |
| | 7.3.1 | Das Lesen der Teilungen | Abb. | 85 | Teilung auf dem Nav. - Rechner |
| | 7.3.2 | Multiplikation | Abb. | 86 | Multiplikation |
| | 7.3.3 | Division | Abb. | 87 | Division |
| 107 | 7.3.4 | Proportionsrechnungen | | | |
| | **7.4** | **Umrechnung von Maßen (metrisch/angels.)** | | | |
| | 7.4.1 | Umrechnung von Strecken und Entfernung. | Abb. | 88 | Umrechnung (Strecken u. Entfernung.) |
| 108 | 7.4.2 | Umrechnung von Flüssigkeitsmaßen | Abb. | 89 | Umrechnung (Flüssigkeitsmaße) |
| | 7.4.3 | Gewichtsberechnung aus Flüssigkeitsmaßen | Abb. | 90 | Gewichtsberechnung (Flüssigkeitsmaße) |
| | **7.5** | **Umrechnung von Zeit u. Geschwindigkeit** | | | |
| | 7.5.1 | Umrechnung von Zeiten | | | |
| 109 | 7.5.2 | Umrechnung von Geschwindigkeiten | Abb. | 91 | Umrechnung (min .in sec) |
| | | | Abb. | 92 | Umrechnung (m/sec und ft/min) |
| | 7.6.1 | Berechnung von Steig- oder Sinkzeiten | Abb. | 93 | Berechnung Steigzeit |
| | | | Abb. | 94 | Berechnung Sinkgeschwindigkeit |
| | 7.6.2 | Strecke - Geschwindigkeit über Grund - Flugzeit | Abb. | 95 | Flugzeit |

| Seite | Kapitel | | Abbildung | |
|---|---|---|---|---|
| 110 | | Berechnung der GS/Vg | Abb. 96 | Geschwindigkeit über Grund |
| | | Berechnung der zurückgelegten Strecke | Abb. 97 | Zurückgelegte Strecke |
| | | Bestimmung des Punktes gleicher Zeiten | Abb. 98 | Punkt gleicher Zeiten |
| 111 | | Bestimmung des letzten Umkehrpunktes | Abb. 99 | Letzter Umkehrpunkt |
| | **7.7** | **Der Kraftstoffverbrauch** | Abb.100 | Kraftstoffverbrauch |
| | | Kraftstoff-Stundenverbrauch | Abb.101 | Kraftstoff-Stundenverbrauch |
| 112 | | Maximale Flugdauer | Abb.102 | Maximale Flugdauer |
| | **7.8** | **Dreiecksaufgaben mit dem Nav.-Rechner** | | |
| | 7.8.1 | Winddreiecksaufgaben | | |
| 113 | | | Abb.103 | Winddreieck auf dem Nav.-Rechner |
| | | | Abb.104 | Bestimmung des Luvwinkels |
| | 7.8.2 | Bestimmung des WCA und der GS | Abb.105 | Winddreieck, zeichnerische Lösung |
| | **B.** | **Flugplanung** | | |
| 114 | **8.1** | **Flugplanung und Flugvorbereitung** | | |
| | 8.1.1 | Sammlung des notwendigen Materials für die Flugplanung und Flugvorbereitung | | |
| 115 | 8.1.2 | Die Wetterberatung vor dem Fluge | | |
| 116 | 8.1.3 | Flugplanung und-vorbereitung auf der Karte | | |
| 117 | 8.1.4 | Gebrauch des Kursdreiecks, des Navigationsrechners und des Flugdurchführungsplans | Abb.106 | Gefahren-und Beschränkungsgebiete, Kontrollzonen |
| 119 | | | Abb.107 | Flugdurchführungsplan (Flight Log) |
| 120 | | | Abb.108 | Rückseite des Flugdurchführungsplans (Flight Log) |
| 121 | | | Abb.109 | Militärische Tiefflüge |
| | | | Abb.110 | Kartenvorbereitung für VFR-Flug |
| 122 | **8.2** | **Flugdurchführung** | | |


Der Band 4 **FLUGNAVIGATION** besteht aus zwei Teilen:

**4 A** A. Grundlagen der Flugnavigation
B. Flugplanung und Flugdurchführung

**4 B** C. Funknavigation für Privatflugzeugführer

## A. Grundlagen der Flugnavigation

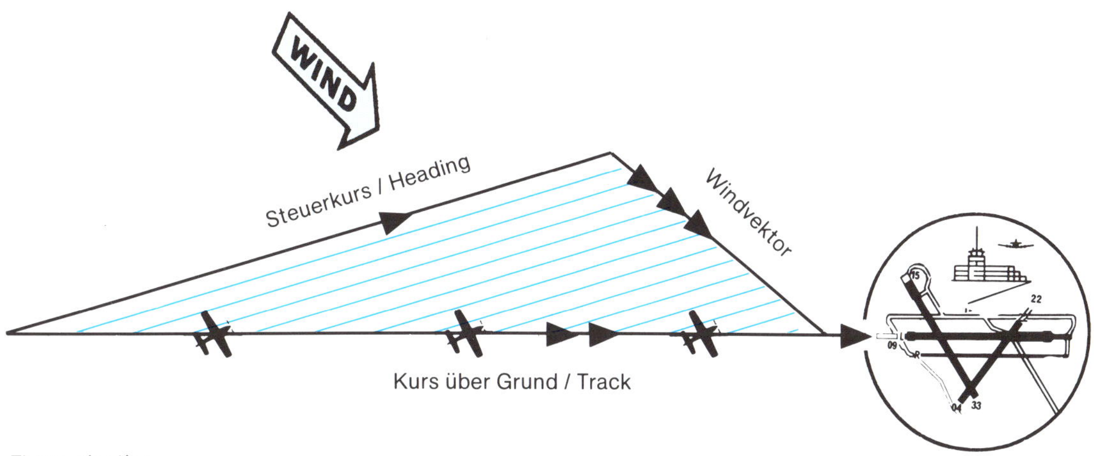


Abb. 1 Flugnavigation

## 1.0 Einführung - Arten der Flugnavigation

Unter dem Begriff ***Flugnavigation*** versteht man die Lehre von den Hilfsmitteln und Verfahren, die es dem Flugzeugführer ermöglichen, ein Flugzeug sicher und auf dem kürzestmöglichen Wege von einem Ort auf der Erde zu einem anderen zu führen.

Die Navigationsarbeit des Flugzeugführers beginnt mit der ***Flugvorbereitung*** vor dem Start am Boden und endet nach der Landung wieder am Boden.

Vor Beginn des Fluges muß ein ***Steuerkurs*** (engl.: ***heading***) ermittelt werden, der das Flugzeug auf dem gewünschten Flugweg (Kurs über Grund) zum Zielflugplatz (engl.: aerodrome of destination) bringt. Eine weitere Vorarbeit besteht darin, die ***Flugzeit*** vom Startflugplatz (engl.: aerodrome of departure) bis zum Zielflugplatz einschließlich des ***Kraftstoffverbrauchs*** zu berechnen.

Während des Fluges muß der Flugzeugführer ständig den ***Standort*** (engl.: ***position***), die ***Flugrichtung***, die noch verbleibende Reststrecke, die ***Geschwindigkeit über Grund*** (engl.: ***ground speed = GS***) und die daraus resultierende Restflugzeit zum Zielflugplatz ermitteln und überprüfen.

Die Navigationsarbeit ist erst dann beendet, wenn das Flugzeug am Zielort gelandet ist und die letzten Eintragungen im ***Fluglog-Formular*** (engl.: ***flight log***) gemacht sind.
Damit der Flugzeugführer alle diese für die sichere Flugdurchführung wichtigen Navigationsarbeiten „in den Griff" bekommt, muß er die dabei anzuwendenden Verfahren genau kennen und gute Grundkenntnisse in den nachfolgend behandelten Sachgebieten der Flugnavigation haben.

Die Flugnavigation wird grundsätzlich nach den zur Anwendung kommenden Navigationsverfahren unterteilt. Die einzelnen Verfahren ergeben in der Praxis sogenannte ***Standlinien*** (engl.: ***line of position***); die ***Schnittpunkte*** von Standlinien ergeben den ***Standort*** (engl.: ***position***) des Flugzeugs. Solche - auf Standlinien basierenden Navigationsverfahren - werden auch als **'Ortungsverfahren'** bezeichnet.

Eine andere Navigationsmethode ist die sogenannte ***Koppelnavigation*** (engl.: ***dead reckoning navigation*** oder ***D. R. navigation***). Bei diesem Verfahren werden Kurs, Entfernung und Standort aus den zur Verfügung stehenden Navigationsdaten - wie: Flugrichtung, Geschwindigkeit, Zeit und Wind - rein rechnerisch ermittelt. Der Standort ergibt sich durch 'Ankoppeln' der bereits geflogenen Strecke an den Abflugort. Deshalb wird dieses Verfahren in der Fachsprache auch **'Koppelverfahren'** genannt.

Da fast alle Navigationsarten mit gewissen Mängeln (Fehlerquellen) behaftet sind, überprüft man in der Praxis in jedem Fall die aus einem Verfahren allein gefundenen Navigationswerte mit einem anderen Verfahren. So kann man beispielsweise einen durch Koppelnavigation errechneten Standort mit Funkpeilungen (Funkpeilstandlinien) überprüfen oder auch umgekehrt.
Doch nun zu den verschiedenen **Flugnavigationsarten (Verfahren)**, die für den Privatflugzeugführer bei Flügen nach Sichtflugregeln zur Anwendung kommen.

### 1.1 Die Sichtnavigation oder terrestrische Navigation (engl.: Visual Navigation oder Pilotage)

Die ***Sichtnavigation*** - auch ***terrestrische Navigation*** genannt - ist ein Navigationsverfahren, bei dem das Flugzeug nach markanten, also gut sichtbaren, Geländepunkten von einem Ort zum anderen geführt wird. Während des Fluges fliegt der Flugzeugführer auf der Strecke liegende, ihm schon bekannte Geländepunkte an oder er sucht solche Punkte in einer für den Sichtflug geeigneten Luftfahrtkarte heraus, um diese anzufliegen. Es ist leicht einzusehen, daß dieses Verfahren nur bei gutem Wetter und am Tage sicher angewendet werden kann. Über gleichförmigem Gelände ohne markante Geländepunkte, bei schlechten Sichtverhältnissen, über Wasser und bei Nacht ist die Sichtnavigation nur beschränkt anwendbar.

Die Sichtnavigation oder terrestrische Navigation vermittelt dem Flugzeugführer entweder

- ***terrestrische Standlinien*** (engl.: ***visual line of position***)
  oder
- ***Standorte*** (engl.: ***position*** oder ***fix***), die sich aus optischer Beobachtung landfester Punkte ergeben. (**Siehe Abb. 2**)

Für die Sichtnavigation ist folgende Navigationsausrüstung erforderlich :

- Luftfahrtkarten ( 1 : 500.000 oder 1 : 250.000 ) für das zu befliegende Gebiet
- Magnetkompaß
- Fahrtmesser
- Höhenmesser
- Borduhr

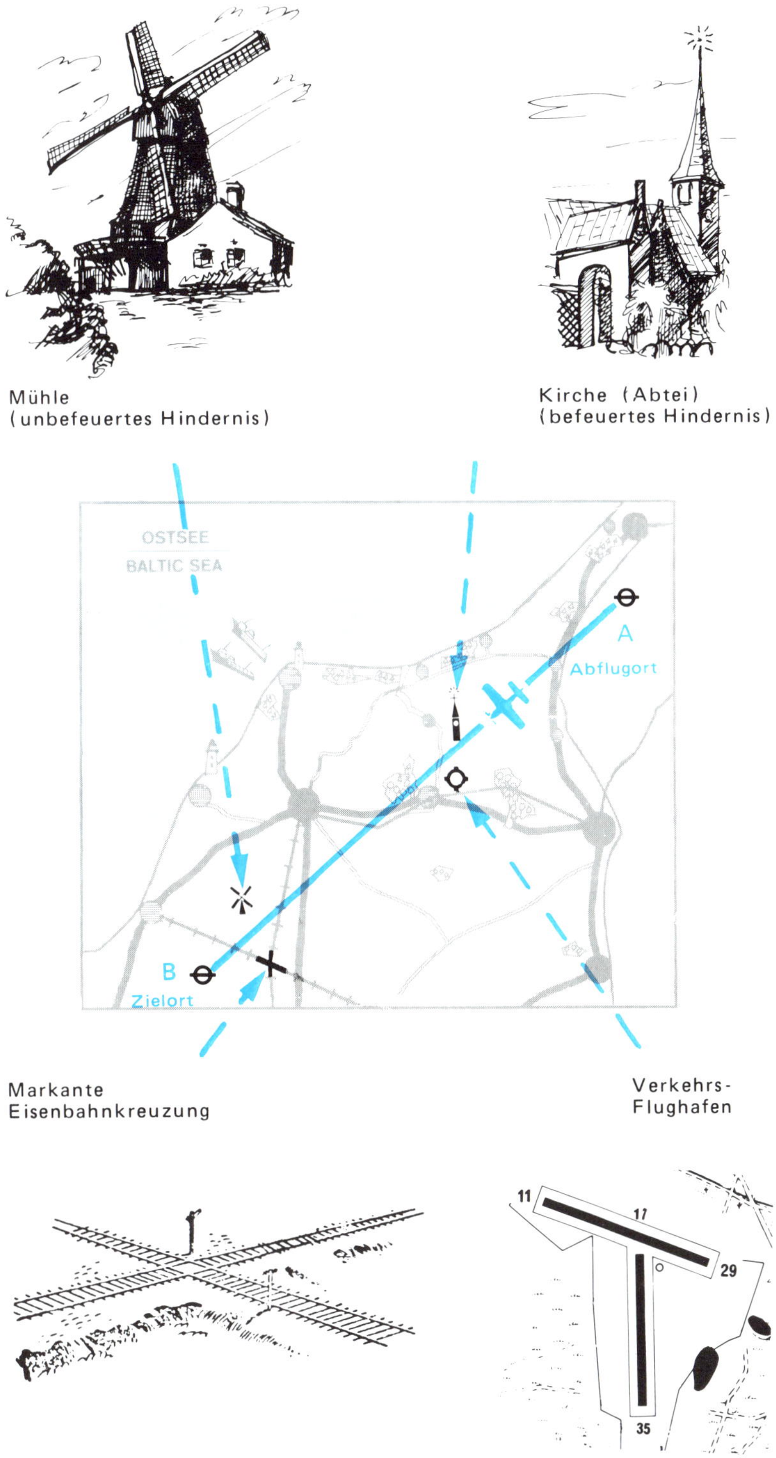


Abb. 2 - Sichtnavigation

## 1.2 Die Koppelnavigation (engl.: Dead Reckoning Navigation, Abk.: D.R.)

Die ***Koppelnavigation*** ist eine Navigationsmethode, bei der der Standort eines Flugzeugs **rechnerisch** aus Fluggeschwindigkeit, Richtung, Zeit und Windeinfluß ermittelt wird. Unter dem Begriff 'Koppeln' versteht man, daß der jeweilige Standort durch Anlegen ('Ankoppeln') der bereits geflogenen Strecke an den Abflugort oder an den letzten bekannten Standort bestimmt wird. Der Flugweg wird dabei aus der Fluggeschwindigkeit, der Flugrichtung, der Windstärke und Windrichtung sowie der Flugzeit errechnet.

Dieses in der Theorie mathematisch exakte Verfahren stellt die eigentliche **Grundlage jeder Navigation** dar und es wird **immer zusammen mit anderen Navigationsarten** angewendet. In der Praxis ist die Koppelnavigation jedoch nur so genau wie die zur Verfügung stehenden Daten (z.B. Höhenwinde, Windrichtung).

Das Koppelnavigationsverfahren liefert dem Flugzeugführer einen ***errechneten Standort*** oder ***'Koppelort'*** (engl.: ***D. R. position***), der sich - wie schon erwähnt - aus Flugrichtung, Geschwindigkeit über Grund und Flugzeit ergibt.

Zur Durchführung der Koppelnavigation benötigt man folgende Navigationsausrüstung:

- Navigationsarbeitskarten (engl.: plotting charts) oder Luftfahrtkarten für das zu befliegende Gebiet
- Fluglog-Formular (engl.: flight log)
- Magnetkompaß
- Fahrtmesser
- Höhenmesser
- Kurskreisel
- Künstlicher Horizont
- Wendezeiger
- Variometer
- Borduhr

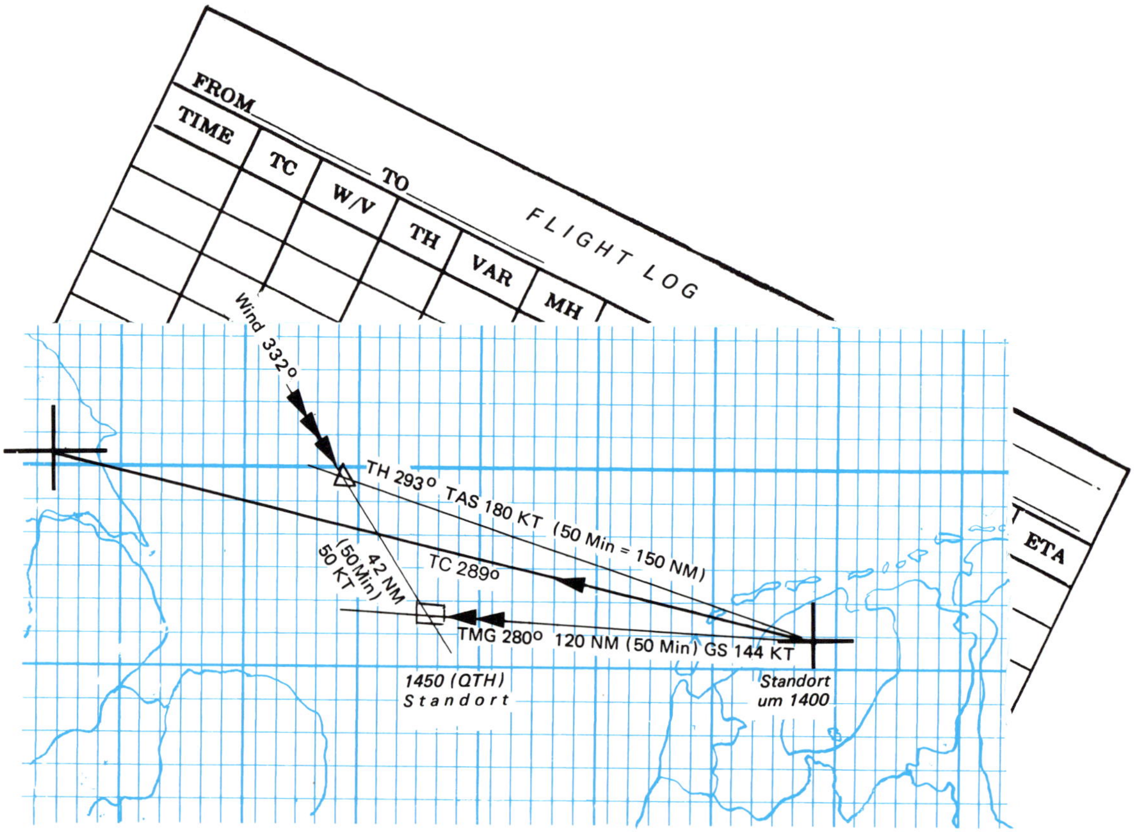


Abb. 3 - Die Koppelnavigation

## 1.3 Die Funknavigation (engl.: Radio Navigation) - (siehe Band 4 B)

Die Funknavigation gehört heute - nach einer sprunghaften Entwicklungsphase, die dem zweiten Weltkrieg folgte - zu den zuverlässigsten und am häufigsten angewendeten Navigationsverfahren in der Luftfahrt. Ihr größter Vorteil besteht darin, daß auch bei schlechtem Wetter, ohne Sicht nach außen, eine genaue Navigation möglich ist.

***Standort*** und ***Flugweg*** des Flugzeugs werden bei der Funknavigation durch ***bordseitige*** und ***bodenseitige Peilungen*** (engl.: ***bearing***) ermittelt, die von Funknavigationsanlagen am Boden stammen.

Für den Privatflugzeugführer, der nach Sichtflugregeln fliegt, ist die **Funknavigation** eine sinnvolle **Ergänzung zur Sichtnavigation** und **Koppelnavigation.** So kann er beispielsweise Navigationsdaten, die durch Sichtnavigation/Koppelnavigation gefunden wurden, mit Funkpeilungen überprüfen oder umgekehrt.

Bei der Anwendung von Funknavigationsverfahren erhält der Flugzeugführer sogenannte

- ***Funkpeilstandlinien*** (**engl.:** ***radio line of position***),
  die ihm die Richtung zu oder von einer Funknavigationsanlage angeben;

- ***Radialstandlinien*** (engl.: ***radial line of position***)
  von einer Funknavigationsanlage - teilweise mit Entfernungsangabe zur Anlage, mittels Entfernungsmeßgerät (engl.: D M E = **d**istance **m**easuring **e**quipment)

  ODER

- ***Funkstandorte*** (engl.: ***radio fix*** oder ***radio position***),
  die sich aus dem Schnittpunkt zweier oder mehrerer Funkpeilstandlinien (radio lines of position) oder Radialstandlinien (radial lines of position) von verschiedenen Funknavigationsanlagen ergeben (Ortungsverfahren).

Für die **Funknavigation** ist an Bord des Flugzeuges folgende Ausrüstung notwendig:

- **Funknavigationskarten (engl.: radio navigation chart)** für das zu befliegende Gebiet
- **UKW-Sende- und Empfangsgerät** für den Sprechfunkverkehr
- **Empfangs- und Anzeigegeräte** für die Auswertung und Anzeige der von den Funknavigationsanlagen am Boden stammenden Funknavigationsdaten
- **Flugüberwachungsinstrumente** (z.B. Fahrtmesser, Höhenmesser usw.) wie bei der Koppelnavigation

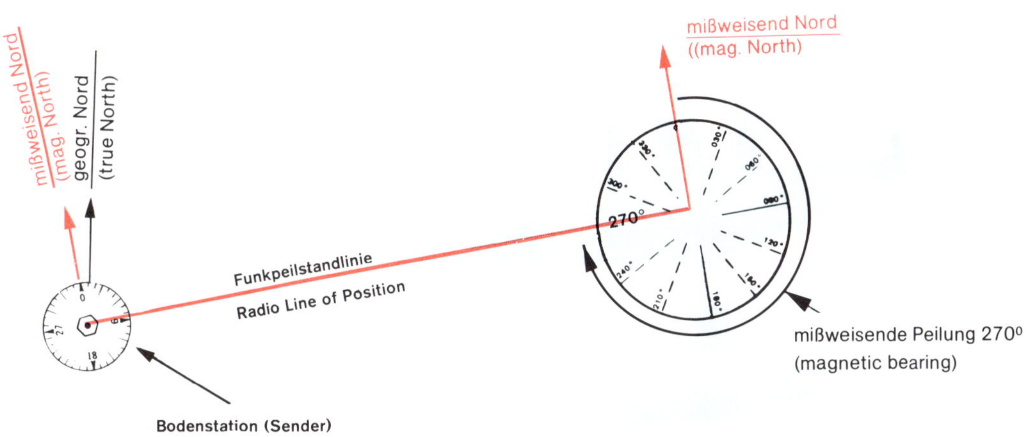


Abb. 4 - Die Funknavigation

Eine eingehende Behandlung der für den Privatflugzeugführer wichtigen Funknavigationsverfahren und Funknavigationsanlagen erfolgt im Band 4 B, Funknavigation für Privatflugzeugführer!

## 1.4 Andere Flugnavigationsverfahren

Neben den drei schon erwähnten Navigationsverfahren (Sichtnavigation, Koppelnavigation und Funknavigation), deren Grundlagen Prüfungsstoff für den Erwerb des Luftfahrerscheins für Privat-flugzeugführer (PPL) sind, gibt es noch andere Navigationsmethoden, die vor allem für den Berufs-flugzeugführer (CPL/ATPL) bei Mittel- und Langstreckenflügen eine wichtige Rolle spielen.

### 1.4.1 Die Astronomische Navigation (engl.: Astronomical or Celestial Navigation)

Bei der Astro-Navigation erfolgt die Standortbestimmung durch **Höhenbeobachtung von Gestirnen** an der 'Himmelskugel'. Das Verfahren basiert auf der Tatsache, daß die Himmelskugel zu einem bestimmten Zeitpunkt an jedem Ort auf der Erde anders erscheint. So läßt sich aus der Beobachtung der Höhe von Gestirnen über dem Horizont und der Beobachtungszeit der **Standort** eines Flugzeugs oder eines Schiffes ziemlich genau ermitteln.

Als Hilfsmittel werden lediglich ein Sextant (Winkelmeßgerät, mit dem die Höhe eines Gestirns über dem Horizont gemessen werden kann), ein Chronometer und ein nautisches Jahrbuch (Air Almanac) benötigt.

Aus der Höhenbeobachtung von Gestirnen ergeben sich astronomische Standlinien (engl.: celestial line of position), deren Schnittpunkt der **Standort (Astro-Standort/Astro-Fix)** des Flugzeugs oder des Schiffes ist ('Ortungsverfahren').

Die Astro-Navigation wird hauptsächlich zur Überprüfung der Koppelnavigation bei Polar- und Langstreckenflügen angewendet.

### 1.4.2 Die Doppler-Navigation (engl.: Doppler-Navigation)

Mit dem auch bei elektromagnetischen Wellen auftretenden Doppler-Effekt (= Änderung der Frequenz bei einer Bewegung des sendenden oder/und empfangenden Systems) wird die ***Abtrift*** und die ***Geschwindigkeit des Flugzeugs über Grund*** ermittelt. Aus der Abtrift und dem Steuerkurs des Flugzeugs ergibt sich der ***Kurs über Grund.***

Die so gewonnenen Daten werden von einem elektronischen ***Navigations-Computer*** an Bord des Flugzeugs ausgewertet und auf einer Digital-Anzeige kann jederzeit der ***Standort*** und die ***Entfernung*** des Flugzeugs ***vom Zielort*** abgelesen werden ('Koppelverfahren').

### 1.4.3 Die Trägheitsnavigation (engl.: **I**nertial **N**avigation **S**ystem = INS)

Dieses erst in den 60er Jahren zur vollen Reife entwickelte Navigationssystem arbeitet völlig ***unabhängig vom Boden*** und beruht auf der ***Massenträgheit*** oder dem ***Beharrungsvermögen aller Körper*** (Widerstand, den der Körper einer Bewegungsänderung entgegensetzt).
Die während der Beschleunigung (oder Abbremsung) des Luftfahrzeugs auftretenden ***Trägheitskräfte*** werden von ***Beschleunigungsmessern*** gemessen, die rechtwinklig zueinander auf einer horizontrierten und kreiselstabilisierten Trägheitsplattform (engl.: inertial platform) angeordnet sind. Aus den gemessenen Trägheitskräften lassen sich **Geschwindigkeit** und **Richtung des Flugzeugs** ableiten.
Ein elektronischer Bordrechner integriert die eingehenden Beschleunigungswerte, aus denen sich zunächst die Geschwindigkeit ergibt. Durch eine weitere Integration erhält man dann Größe und Richtung des schon zurückgelegten Flugweges.

Ist das System mit einem Flugwegrechner gekoppelt, so kann der Flugzeugführer jederzeit während des Fluges Standort, Richtung und Entfernung zum Zielort, Geschwindigkeit über Grund, Höhenwind (mit Richtung und Stärke), Flugzeit zum Zielort ('Koppelverfahren') und die Fluglage mit Höhe vom Rechner abfragen.
Verbunden mit einer automatischen Kurssteueranlage (Autopilot) ist mit dem Trägheitsnavigationssystem jeder Ort auf der Erde bodenunabhängig und ohne Erdsicht anfliegbar.

### 1.4.4 Die Barometrische Navigation oder Druckflächennavigation
(engl.: Pressure Pattern Flying = Fliegen nach Druckflächen)

Bei der Barometrischen Navigation (oder Druckflächennavigation) wird durch Ausnützen der während des Fluges auftretenden Höhenwinde die kürzeste Flugzeit anstelle der kürzesten Flugstrecke angestrebt. Oft trifft man bei Langstreckenflügen auf der direkten (kürzesten) Strecke ungünstige Gegenwinde an, die einen Umweg über Gebiete mit anderen Windverhältnissen (Rückenwind) ratsam erscheinen lassen. Die daraus resultierende höhere Geschwindigkeit über Grund verringert in vielen Fällen die Flugzeit beträchtlich. Aus der Anwendung der Druckflächennavigation ergeben sich sogenannte ***Druckstandlinien (engl.: pressure line of position),*** die rechtwinklig zum Steuerkurs des Flugzeugs verlaufen.

Die praktische Anwendung dieses Verfahrens beschränkt sich auf die Durchführung von Langstreckenflügen über See und die Planung solcher Flugstrecken.

## 1.5 Zusammenfassende Bemerkungen zu den einzelnen Flugnavigationsverfahren

Alle erwähnten Flugnavigationsverfahren werden in **zwei Hauptgruppen** eingeteilt, nämlich

- **Koppelverfahren** und
- **Ortungsverfahren**

Beim 'Koppeln' ermittelt der Flugzeugführer (Navigator) oder ein automatischer Flugwegrechner durch 'Ankoppeln' des bereits zurückgelegten Flugweges an den Abflugort den ***Standort*** des Flugzeugs. Die auf der Koppelnavigation beruhenden Navigationsverfahren ermöglichen eine **autonome (bodenunabhängige) Navigation.** Mit ihnen kann ein Flugzeug allein mit den an Bord vorhandenen Instrumenten - völlig **unabhängig von** irgendwelchen **Bodenanlagen** - vom Abflugort zum Zielort geführt werden.

Bei den Ortungsverfahren wird der ***Standort*** eines Flugzeugs durch ***Standlinien*** bestimmt. Der ***Schnittpunkt*** zweier oder mehrerer während des Fluges ermittelter ***Standlinien*** ergibt den ***Standort.*** Die Ortungsverfahren werden in **bodenabhängige** und **bodenunabhängige Verfahren** unterteilt (siehe Abb. 5 'Gliederung der Flugnavigationsverfahren').

| | **KOPPELVERFAHREN** | |
|---|---|---|
| | Navigationsart | Anwendungsbereich |
| **Autonome Verfahren** | **Konventionelles Koppeln** mit bekannten Navigationswerten (Flugrichtung, Geschwindigkeit, Wind usw.) **(siehe 1.2)** | **Bei allen Flügen auf kürzeren Strecken** |
| | **Doppler - Navigation (siehe 1.4.2)** | **Kurz-, Mittel- und Langstreckennavigation** |
| | **Trägheitsnavigation (siehe 1.4.3)** | **Langstreckenflüge mit großen Flugzeugen** |
| | **Barometrische Navigation** (Druckflächennavigation) **(siehe 1.4.4)** | **Langstreckenflüge** (vor allem über See) |
| | **ORTUNGSVERFAHREN** | |
| | Navigationsart | Anwendungsbereich |
| **Boden-unabhängige Verfahren** | **Sichtnavigation (siehe 1.1)** (terrestrische Navigation) | **Flüge in niedrigen Höhen bei gutem Wetter** |
| | **Astro-Navigation / INS (siehe 1.4.1 / 1.4.3)** | **Polar- und Langstreckenflüge** |
| **Boden-abhängige Verfahren** | **Funknavigation (siehe 1.3 und Band 4 B)** | **Kurzstrecken- und Mittelstreckenflüge**<br>**Hyperbelverfahren LORAN**<br>(= **L**ong **R**ange **N**avigation) für Langstreckenflüge |

Abb. 5 - Gliederung der Flugnavigation

## 2.0 Die Gestalt der ERDE

Die Erde ist ein kugelförmiger Planet, der die Sonne in ***365 Tagen (= 1 Jahr) einmal*** auf einer Bahn ***umkreist***, die fast einem Kreis entspricht. Genauer betrachtet beträgt die Umkreisungsdauer 365 1/4 Tage (365 Tage, 5 Stunden, 48 Minuten, 46 Sekunden). Da unser Kalender auf 365 Tagen basiert, werden in einem Zeitraum von 4 Jahren jeweils die vier Viertel-Tage zusammengefasst und im vierten Jahr (Schaltjahr mit dem 29. Februar) angehängt, so dass der Ausgleich fast vollzogen ist.

Bei der Sonnenumkreisung beträgt der mittlere Abstand zur Sonne ***149,6 Millionen Kilometer.***

Außerdem ***dreht sich*** die Erde täglich (in 24 Stunden) ***einmal um eine eigene Achse,*** die man auch 'Erdachse' nennt. Die Endpunkte der Erdachse werden als ***Erdpole*** bezeichnet. Eine gedachte Verlängerung der Erdachse in den Weltraum hinein, zeigt an einem der beiden Endpunkte (Erdpole) genau zum ***Polarstern (= Himmelspol).*** Dieser Endpunkt der Achse heißt ***Nordpol***. Das auf der anderen Seite der Kugel liegende Ende der Erdachse ist als ***Südpol*** bekannt.

Der ***Äquator*** teilt die Erde in zwei gleiche Hälften: die ***nördliche*** und die ***südliche Halbkugel.*** Seine Ebene steht genau senkrecht zur Erdachse.

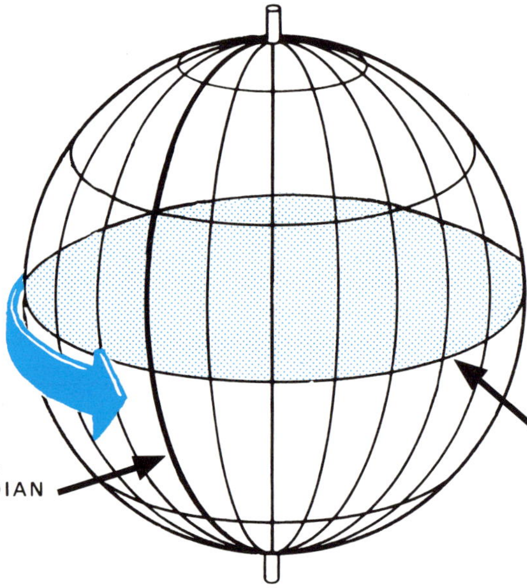


Abb. 6 - Die Gestalt der Erde mit den Erdpolen und dem Äquator

Vom Nordpol aus betrachtet dreht sich die Erde entgegen dem Uhrzeiger – also von Westen nach Osten. Eine Drehung um die eigene Achse vollzieht sich genau in 23 Stunden, 56 Minuten und 41 Sekunden (~ 24 Stunden = 1 Tag).

Aufgrund der Rotation (Drehung) um ihre Achse kommt es bei unserer Erdkugel an den beiden Polen zu einer **Abplattung**, während die Rotation am Äquator eine leichte **Anschwellung** verursacht. Diese besondere geometrische Form des Erdkörpers wird in der Fachsprache 'Geoid' oder auch 'Rotationssphäroid' genannt.

Die Abplattung der Erde an den Polen (geringe Abweichung von der perfekten Kugelform) hat für Navigationsberechnungen keine praktische Bedeutung, da der Erddurchmesser von Pol zu Pol nur um 42 Kilometer (23 Seemeilen / Nautische Meilen) geringer ist als der Durchmesser am Äquator. Die Abplattung beträgt ungefähr ein Dreihundertstel des Erddurchmessers (genauer Wert: 1 Zweihundertsiebenundneunzigstel). Wir gehen daher bei den folgenden Betrachtungen immer davon aus, daß die Erde eine perfekte Kugel ist.

| *Ausmaße der Erde* | | |
|---|---|---|
| *Mittlerer Erdhalbmesser:* | *6.370 km* | */ 3.440 NM* |
| *Mittlerer Erdumfang:* | *40.000 km* | */ 21.600 NM* |
| *Rotationsgeschwindigkeit am Äquator:* | *1.670 km/h* | */ 900 kt* |

## 2.1 Standortfestlegung, Richtungen und Entfernungen auf der Erde

Die Standortfestlegung, die Richtungsbestimmung und das Messen von Entfernungen gehören zu den wichtigsten Flugnavigationsgrundlagen. Aus diesem Grunde müssen wir uns zuerst mit diesen Begriffen eingehend befassen.

### 2.1.1 Standortfestlegung auf der Erdoberfläche

Der ***Standort*** eines Luftfahrzeuges oder die ***Lage eines Ortes*** auf der Erdoberfläche werden mit Hilfe eines 'gedachten' ***Gradnetzes (Koordinatennetz)*** bestimmt, das die gesamte Erdkugel überzieht.
Das Gradnetz der Erde ist - mathematisch gesehen - ein ***'sphärisches Koordinatensystem'***, das aus Kreisen besteht.

Auf der Erde lassen sich, wie auf jeder anderen Kugel, Kreise ziehen, deren ***Größe*** von der ***Entfernung vom Kugelmittelpunkt abhängig ist.***

a) Großkreise (engl.: great circle = G C)

Der ***Großkreis (auch Größtkreis oder Hauptkreis)*** ist ein Kreis auf der Kugeloberfläche (Erdoberfläche), dessen ***Ebene*** genau durch den ***Kugelmittelpunkt*** verläuft.

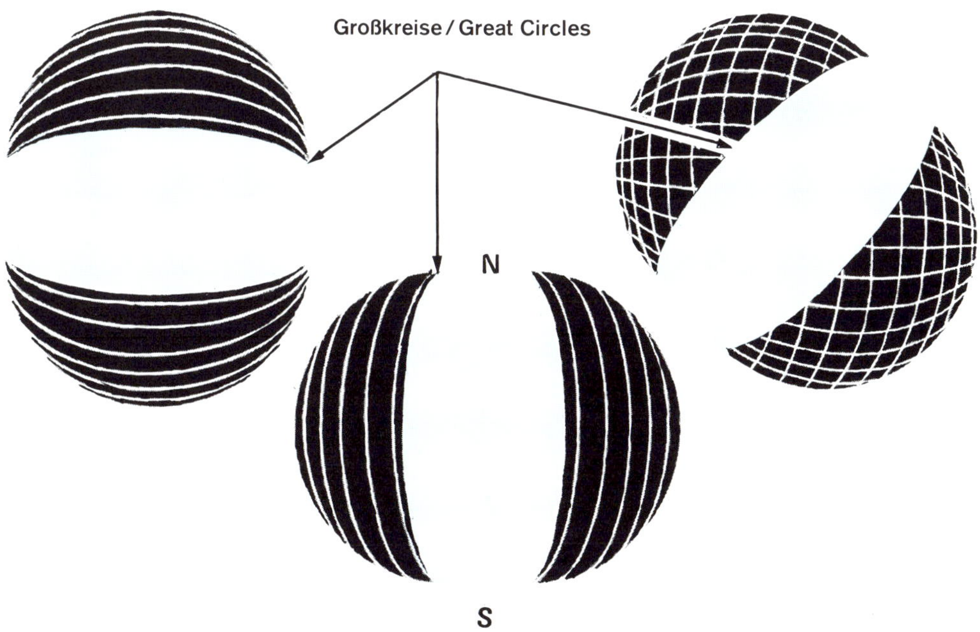


Abb. 7 - Großkreise teilen die Erde in zwei gleiche Hälften

***Alle Großkreise*** – man kann um die Erde beliebig viele Großkreise ziehen – ***teilen*** die Erdkugel in ***zwei*** gleich große ***Hälften.***

Der Äquator ist der Großkreis, der die Erde in eine südliche und eine nördliche Halbkugel zerlegt. Seine Ebene steht genau senkrecht zur Erdachse. Die ***Richtung*** des Äquators ist ***Ost-West*** (rechtweisende Richtung).

Alle Großkreise, die die beiden Erdpole (Nord- und Südpol) miteinander verbinden und somit den Äquator rechtwinklig schneiden, nennt man

- ***Meridiane*** oder ***Längenkreise*** (engl.: ***meridian***)
  Die durch den Ort des Beobachters gehende Hälfte eines solchen Großkreises heißt
- ***Oberer Meridian*** (engl.: ***upper meridian***)
  während die auf der anderen Seite der Erdkugel liegende Hälfte als
- ***Gegenmeridian*** oder ***unterer Meridian*** (engl.: ***anti-meridian***)

bezeichnet wird. Die Richtung aller Meridiane ist **Nord-Süd** (rechtweisende Richtung).

Außer dem Äquator und den Meridianen ***schneiden*** alle anderen Großkreise aufeinander folgende Meridiane (Längenkreise) ***unter einem anderen Winkel.*** Das resultiert aus der Tatsache, daß die Meridiane zu den Polen hin zusammenlaufen (konvergieren).

Ein Großkreis auf einer Kugeloberfläche (Erdoberfläche) kann mit einer geraden Linie auf einer ebenen Fläche verglichen werden. Er stellt immer die **kürzeste Verbindung** zwischen zwei Punkten auf der Erdoberfläche dar (siehe hierzu 2.1.4)!

b) **Kleinkreise (engl.: small circle)**

Der ***Kleinkreis (auch Nebenkreis genannt)*** ist ein Kreis auf der Kugeloberfläche (Erdoberfläche), dessen ***Ebene nicht*** durch den ***Kugelmittelpunkt*** verläuft.

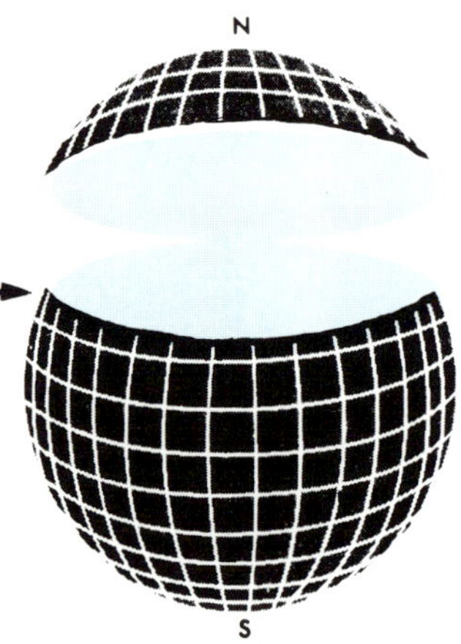


Abb. 8 - Kleinkreise (Breitenkreise) - ihre Ebenen verlaufen parallel zum Äquator

Alle Kleinkreise auf der Erdoberfläche, deren Ebenen parallel zum Äquator verlaufen, sind

- ***Breitenkreise*** oder ***Breitenparallele*** (engl.: ***parallel of latitude***).

Die Breitenkreise werden mit zunehmendem Abstand vom Äquator zu den Polen hin immer kleiner; sie bilden mit den Meridianen (Längenkreisen) das schon erwähnte ***Gradnetz*** oder ***Koordinatennetz*** der Erde, mit dem der Standort eines Luftfahrzeuges oder die Lage eines Ortes genau bestimmt werden kann.

*Merke:* *Durch jeden Punkt der Erdoberfläche - ausgenommen die beiden Pole - verläuft ein B r e i t e n k r e i s und ein M e r i d i a n (L ä n g e n k r e i s)!*

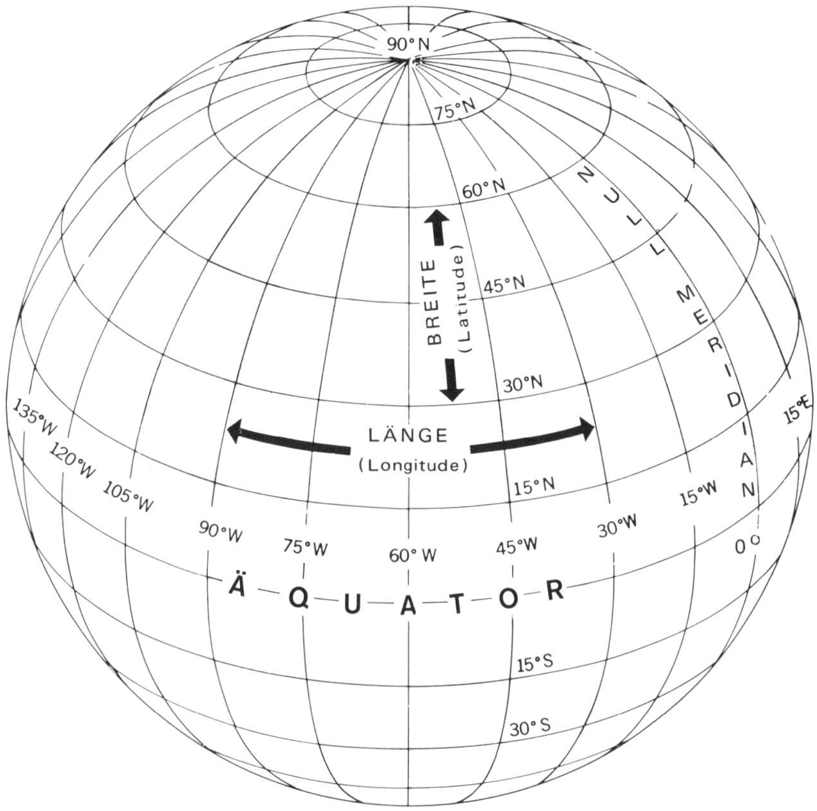


Abb. 9
Das Gradnetz der Erde bildet sich aus Meridianen (Längenkreisen) und Breitenkreisen

## 2.1.1.1 G e o g r a p h i s c h e B r e i t e u n d g e o g r a p h i s c h e L ä n g e (engl.: L a t i t u d e and L o n g i t u d e)

Die Lage eines Punktes oder Ortes auf der Erdoberfläche wird bestimmt durch

- ***s e i n e g e o g r a p h i s c h e B r e i t e*** (engl.: *l a t i t u d e = LAT*)

u n d

- ***s e i n e g e o g r a p h i s c h e L ä n g e*** (engl.: *l o n g i t u d e = LONG*)

Zur Festlegung der ***g e o g r a p h i s c h e n B r e i t e*** (latitude) dienen die ***B r e i t e n k r e i s e*** (parallels of latitude) und für die Bestimmung der ***geographischen Länge*** (longitude) werden die ***Längenkreise*** oder ***Meridiane*** (meridians) herangezogen.
Damit die einzelnen Breiten- und Längenkreise unterschieden werden können, bezeichnet man sie mit ihrer R i c h t u n g und E n t f e r n u n g von festgelegten 'N u l l k r e i s e n'.

*Merke:* *Der Nullkreis für die Breitenkreise ist der Äquator!*

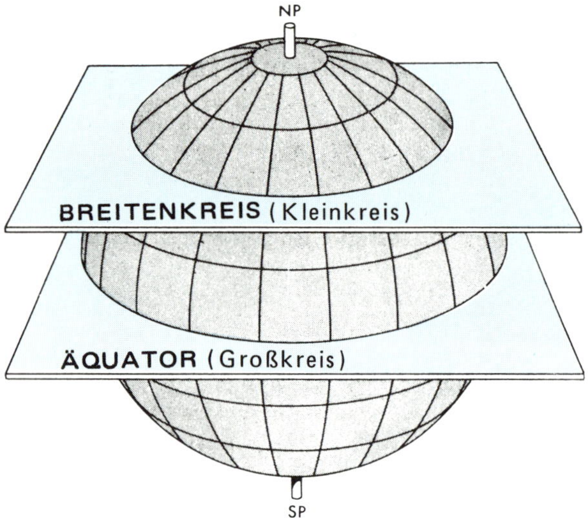


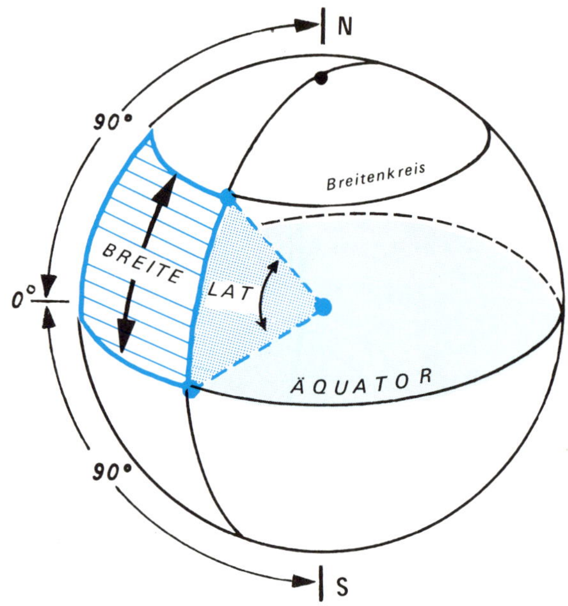


Abb. 10 Vom Äquator aus mißt man die geographische Breite eines Ortes in Richtung Norden oder Süden auf den Meridianen (von 0° bis 90° Nord oder Süd)

Die ***geographische Breite*** eines Ortes auf der Erdoberfläche ist also das Bogenstück des Ortsmeridians zwischen dem Äquator und dem Breitenkreis, auf dem der Ort liegt (**Abb. 10**). Die Breite wird von der Äquatorebene aus in ***Bogengraden (°), Bogenminuten (′)*** und ***Bogensekunden (″)*** gemessen und erhält - je nach Lage des Ortes zum Äquator - zusätzlich die Bezeichnung *N* ( = ***Nördliche Breite*** ), also nördlich vom Äquator gelegen, oder *S* ( = ***Südliche Breite*** ), wenn der Ort südlich vom Äquator liegt.

*Beispiel für eine Breitenangabe:*

*Flughafen Köln/Bonn = 50° 52′ 02″ N bedeutet, daß das Bogenstück zwischen dem Äquator und dem Breitenkreis, auf dem der Flughafenbezugspunkt (engl.: A R P = aerodrome reference point) liegt, 50 Grad 52 Minuten und 2 Sekunden beträgt und der Flughafen 'nördliche Breite' ( N ) hat, also nördlich vom Äquator liegt.*

**Nord**- und **Südpol** der Erde haben eine geographische Breite von 90°, sie liegen also jeweils 90 ° vom Äquator (Nullkreis für die geographische Breite) entfernt.

Als ***Polarkreise*** (nördlicher und südlicher Polarkreis) bezeichnet man die von den beiden **Erdpolen um 23,5° entfernten** Breitenkreise. Sie trennen die ***Polarzonen*** (arktische und antarktische Zone) von den ***gemäßigten Zonen.***

Die beiden ***Wendekreise*** (nördlicher und südlicher Wendekreis) sind die **um 23,5° vom Äquator entfernten** Breitenkreise. Über ihnen ändert die Sonne am 21. Juni und am 21. Dezember eines jeden Jahres (Sommer- und Winteranfang) scheinbar ihre Bewegungsrichtung.

*Merke: Orte, die genau westlich oder östlich (rechtweisende Richtung) voneinander auf demselben Breitenkreis liegen, haben die gleiche geographische Breite.*

Mit der Breitenangabe allein läßt sich jedoch noch keine eindeutige Aussage über die L a g e eines O r t e s auf der Erdkugel machen. Sie sagt uns lediglich, daß ein bestimmter Ort i r g e n d w o auf einem bestimmten B r e i t e n k r e i s nördlich oder südlich vom Äquator liegt.

Aus diesem Grunde hat man die Erdkugel zusätzlich mit einem S y s t e m von 'gedachten' G r o ß - k r e i s e n (engl.: great circles) überzogen, die - wie wir schon wissen - ***M e r i d i a n e*** oder ***L ä n g e n k r e i s e*** genannt werden. Der 'N u l l k r e i s' für die Unterscheidung der einzelnen Meridiane (Längenkreise) wird ***N u l l m e r i d i a n*** oder ***A n f a n g s m e r i d i a n*** (engl.: ***p r i m e m e r i d i a n***) genannt. Er läuft genau durch die Sternwarte von **G r e e n w i c h** (Stadtteil von London) und heißt deshalb auch

***'G r e e n w i c h - M e r i d i a n'!***

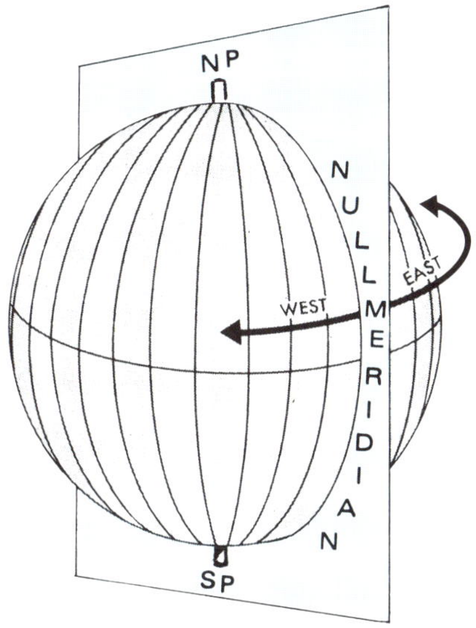


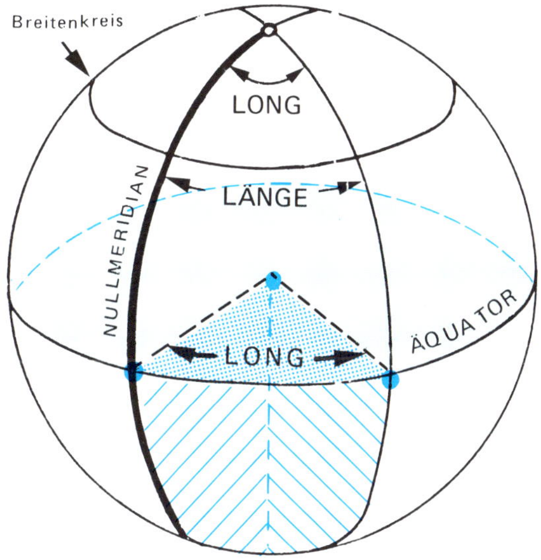


Abb. 11 Vom Nullmeridian (Greenwich - Meridian) aus mißt man die geographische Länge eines Ortes auf dem Äquator in Richtung Westen oder Osten oder auf dem Breitenkreis des Ortes (von 0° bis 180° W oder E; E = EAST/OST)

Der ***N u l l m e r i d i a n*** und der ***180° - M e r i d i a n*** (der 180° - Meridian bildet die ***'I n t e r n a t i o - n a l e D a t u m s g r e n z e')*** teilen die Erde in eine ***w e s t l i c h e*** und ***ö s t l i c h e Halbkugel.***

Die **g e o g r a p h i s c h e L ä n g e** (***L O N G***) eines Ortes auf der Erdoberfläche ist also das Bogenstück des Äquators (oder des Breitenkreises,auf dem der Ort liegt) z w i s c h e n dem N u l l m e r i d i a n und dem O r t s m e r i d i a n. Sie wird in ***B o g e n g r a d e n (°), B o g e n m i n u t e n (')*** und ***B o g e n s e k u n d e n ('')*** gemessen und erhält - je nach Lage des Ortes zum Nullmeridian (Greenwich) - zusätzlich die Bezeichnung ***E (east)*** ( = östlich vom Nullmeridian) oder ***W*** ( = westlich vom Nullmeridian).

*Beispiel für eine Längenangabe :*

*Flughafen Köln/Bonn = 07° 08' 37'' E bedeutet, daß das Bogenstück zwischen dem N u l l m e r i d i a n (Greenwich) und dem O r t s m e r i d i a n, auf dem der Flughafenbezugspunkt (engl.: A R P = aerodrome reference point) liegt, 7 Grad 8 Minuten und 37 Sekunden beträgt und der Flughafen 'östliche Länge' (E) hat, also östlich vom Nullmeridian (Greenwich) liegt.*

Alle Orte, die nördlich oder südlich (rechtweisende Richtung) voneinander auf dem gleichen Meridian (Längenkreis) liegen, haben die gleiche geographische Länge.

Mit Hilfe des ***Gradnetzes (Koordinatennetzes)*** der Erde, das auf jeder Luftfahrtkarte zu finden ist, kann man nun die Lage eines Ortes auf der Erdoberfläche eindeutig bestimmen, indem man seine **geographische Breite** und **geographische Länge** in ***Graden (°), Minuten (')*** und ***Sekunden ('')*** angibt.

*Merke:* $1° = 60'$ $1' = 60''$

Die geographischen Koordinaten eines Ortes werden immer in folgender Reihenfolge angegeben:

- *Zuerst:* *Geographische BREITE*
- *dann:* *Geographische LÄNGE*

*Beispiel:* *Flughafenbezugspunkt 'Köln/Bonn'*
*50° 52' 02'' N 070° 08' 37'' E*

Will man den Standort eines Flugzeugs in der Praxis in geographischen Koordinaten ausdrücken (z. B. über Seegebieten), so ist es üblich, daß Breite und Länge nur in Graden (°) und Minuten (') angegeben werden.

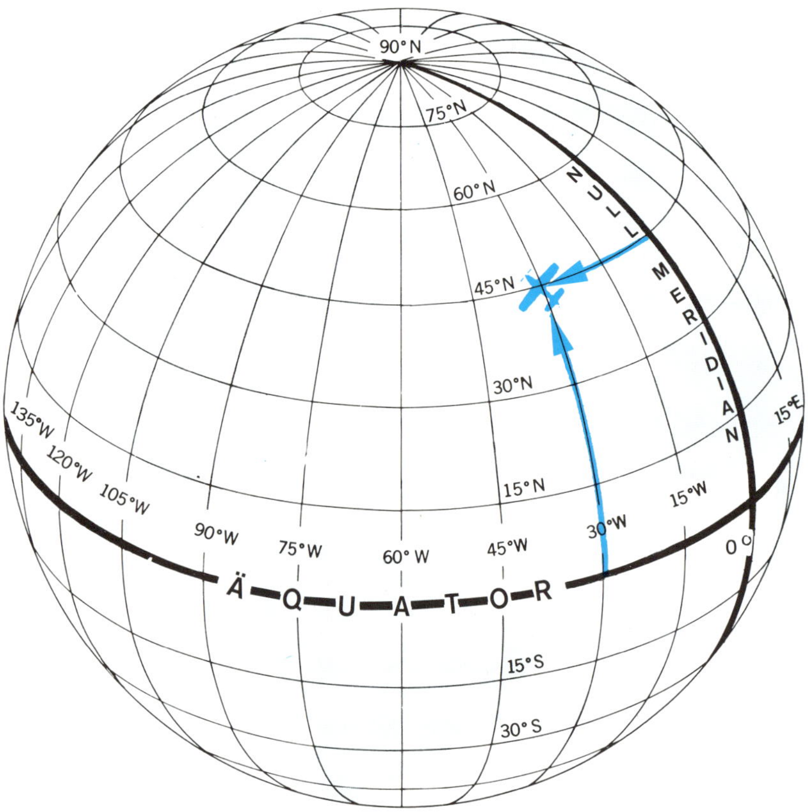


Die Lage eines Ortes läßt sich durch die geographische Breite (LAT) und die geogr. Länge (LONG) eindeutig bestimmen.

Standort des Flugzeugs:
45° 00' N
30° 00' W

Abb. 12

*Merke:* ***Breitenkreise (Breitenparallele) und Längenkreise (Meridiane) sind kreisförmige Linien!***
***Die geographische Breite (LAT) und die geographische Länge (LONG) sind WINKEL!***

G e o g r a p h i s c h e B r e i t e und g e o g r a p h i s c h e L ä n g e können auch als ***W i n k e l*** betrachtet werden, deren ***S c h e i t e l p u n k t*** dem ***E r d m i t t e l p u n k t*** entspricht.

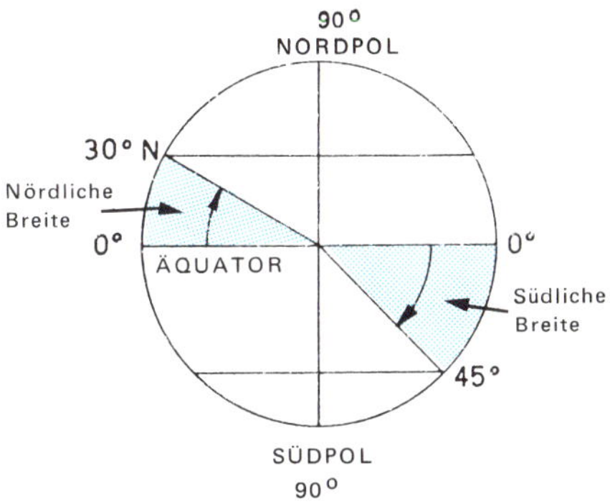


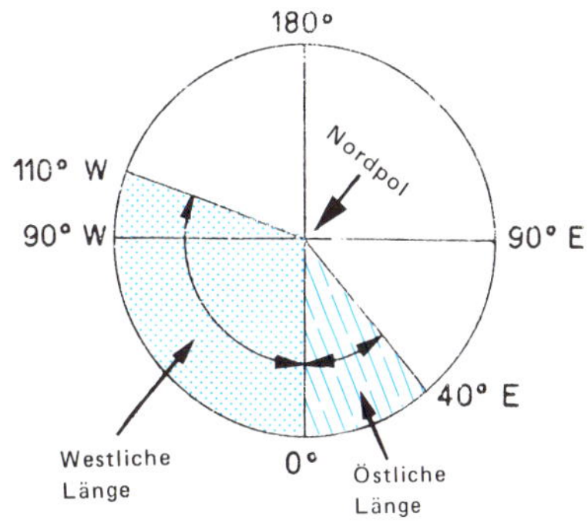


**Abb. 13 Geographische Breite und geographische Länge - vom Erdmittelpunkt aus als Winkel gemessen**

## 2.1.1.2 B r e i t e n - u n d L ä n g e n u n t e r s c h i e d , M i t t e l b r e i t e u n d A b w e i t u n g

Wollen wir die L a g e zweier Orte z u e i n a n d e r bestimmen, so müssen wir den Längenunterschied ermitteln.

a) **Der Breitenunterschied (engl.: Difference of Latitude = D Lat)**

Der ***B r e i t e n u n t e r s c h i e d (D Lat)*** zwischen zwei Orten auf der Erdoberfläche ist der **Bogen eines beliebigen Meridians, der z w i s c h e n den Breitenkreisen** beider Orte liegt. Er wird - je nach Lage des Ausgangsortes zum anderen Ort hin (nördlich oder südlich) - mit *N ( Nord)* oder *S ( Süd)* bezeichnet.

*B e i s p i e l 1:*

| | | |
|---|---|---|
| *LAT* | *1. Ort :* | *43° 00' 12'' N* |
| *LAT* | *2. Ort :* | *22° 05' 13'' N* |
| *D Lat* | = | *20° 54' 59'' N* |

*Merke :* ***Subtrahiere die kleinere von der größeren geographischen Breite, wenn beide Orte auf derselben Seite (nördlich oder südlich) vom Äquator liegen !***

*B e i s p i e l 2 :*

| | | |
|---|---|---|
| *LAT* | *1. Ort :* | *12° 22' 49'' N* |
| *LAT* | *2. Ort :* | *04° 14' 50'' S* |
| *D Lat* | = | *16° 37' 39'' S* |

*Merke :* ***Addiere die beiden geographischen Breiten, wenn ein Ort nördlich und der andere südlich des Äquators liegt !***

b) **Der Längenunterschied (engl.: Difference of Longitude = D Lo)**

Der ***L ä n g e n u n t e r s c h i e d (D Lo)*** zwischen zwei Orten auf der Erdoberfläche ist der **Bogen des Äquators zwischen den Meridianen (Längenkreisen)** beider Orte. Er wird - je nach Lage des Ausgangsortes zum anderen Ort hin (westlich oder östlich) - mit *W (West)* oder *E (east/Ost)* bezeichnet.

| | | | |
|---|---|---|---|
| *Beispiel 1:* | *LONG* | *1. Ort:* | *06° 15′ 23″ W* |
| | *LONG* | *2. Ort:* | *23° 01′ 40″ W* |
| | *D Lo* | *=* | *16° 46′ 17″ W* |

*Merke:* ***Subtrahiere die kleinere von der größeren geographischen Länge, wenn beide Orte auf derselben Seite (westlich oder östlich) des Nullmeridians (Greenwich-Meridian) liegen!***

| | | | |
|---|---|---|---|
| *Beispiel 2:* | *LONG* | *1. Ort:* | *12° 22′ 19″ E* |
| | *LONG* | *2. Ort:* | *03° 16′ 45″ W* |
| | *D Lo* | *=* | *15° 39′ 04″ W* |

*Merke:* ***Addiere die beiden geographischen Längen, wenn ein Ort westlich und der andere östlich des Nullmeridians (Greenwich-Meridian) liegt.***

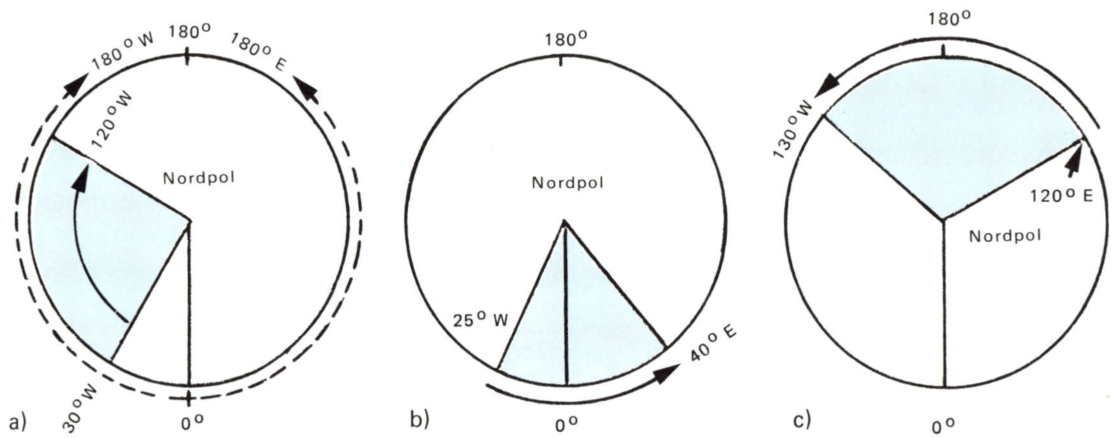


Abb. 14 Längenunterschied (D Lo)

**Zur Übung:** Ermitteln Sie die Längenunterschiede aus den Abbildungen 14 a, b und c:

a) DLo = ................ b) DLo = ................. c) DLo = ..............

*Merke:* ***Ergibt sich bei der Rechnung eine Summe von mehr als 180°, so wird sie von 360° abgezogen!***

## c) Die Mittelbreite (engl.: Mean Latitude = M Lat')

Die genau in der Mitte zwischen zwei Orten mit verschiedener geographischer Breite (LAT) liegende Breite wird in der Navigation ***Mittelbreite (MLat)*** genannt. Sie ist das algebraische Mittel zwischen zwei verschiedenen geographischen Breiten.

*Beispiel 1:*

| | | |
|---|---|---|
| *LAT* | *1. Ort:* | *20° 40′ 30″ N* |
| *LAT* | *2. Ort:* | *40° 00′ 10″ N* |
| | | *60° 40′ 40″ N* |
| | *: 2 = M Lat =* | *30° 20′ 20″ N* |

*Merke:* ***Addiere die beiden geographischen Breiten, wenn beide Orte auf derselben Seite (nördlich oder südlich) des Äquators liegen und dividiere die Summe durch 2!***

*Beispiel 2:*

| | | |
|---|---|---|
| *LAT* | *1. Ort:* | *11° 22′ 49″ N* |
| *LAT* | *2. Ort:* | *05° 14′ 57″ S* |
| | | *06° 07′ 52″* |
| | *: 2 = M Lat =* | *03° 03′ 56″ N* |

*Merke:* ***Subtrahiere die kleinere von der größeren geographischen Breite, wenn ein Ort nördlich und der andere südlich des Äquators liegt und dividiere die Differenz (das Ergebnis) durch 2!***

c) Die Abweitung (engl.: Departure = Dep)

In der Flugnavigation ist die *Seemeile (engl.: nautical mile = NM)* das allgemein gebräuchliche Entfernungsmaß für Strecken auf der Erdoberfläche (1 NM = 1,852 km; **siehe 2.1.2 'Entfernungsmaße in der Flugnavigation'**).
Das hat seinen guten Grund, denn auf dem Äquator und allen Meridianen (Längenkreisen) entspricht eine **Bogenminute (1′)** genau **einer Seemeile (1 NM)** oder **ein Bogengrad (1°) = 60 NM.**

*Merke:* ***Auf dem Äquator und den Meridianen beträgt***
***1′ = 1 NM (1,852 km) oder***
***1° = 60 NM ( 111 km)***

Auf den **Breitenkreisen nördlich und südlich des Äquators** ist dieses Verhältnis (1′ = 1 NM oder 1° = 60 NM) **nicht** mehr gegeben, weil alle Breitenkreise (ausgenommen der Äquator) ***Kleinkreise*** sind und ihr **Umfang** somit **geringer** als der des Äquators ist.
Zu den Polen hin werden die Breitenkreise gegenüber dem Äquator immer kleiner oder kürzer und der Abstand (die Entfernung) zwischen den einzelnen Meridianen verringert sich immer mehr; an den Polen laufen die Meridiane schließlich zusammen, sie konvergieren **(siehe Abb. 15)**.

Unter dem Begriff *'Abweitung'* (engl.: *departure = Dep*) versteht man

- ***die Entfernung in Seemeilen (NM) zwischen zwei beliebigen Meridianen (Längenkreisen) auf einem Breitenkreis.***

Da die *Meridiane* auf der Erdkugel zu den Polen hin zusammenlaufen ***(konvergieren)***, ist die Abweitung

- ***an den Polen gleich Null***

und

- ***am Äquator gleich dem Längenunterschied in Bogenminuten (1′ = 1 NM) zwischen zwei beliebigen Meridianen.***

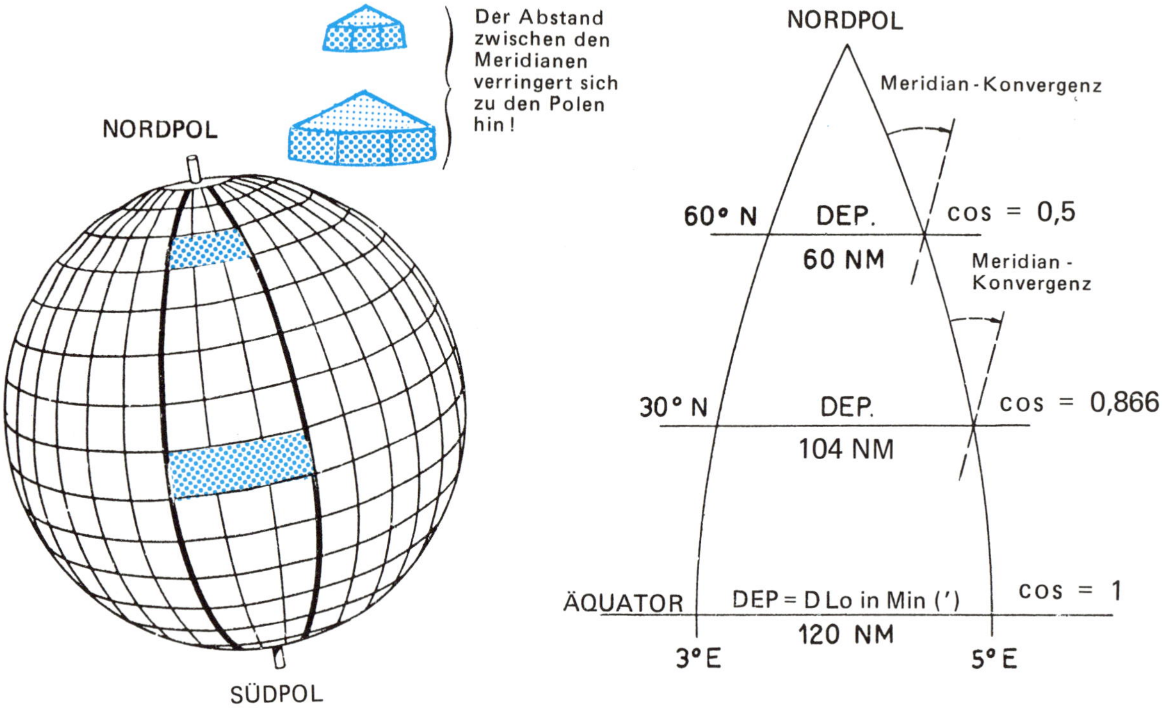


Abb. 15 Abweitung und Meridiankonvergenz

Die *Abweitung (Dep)* kann mit folgender Formel rechnerisch ermittelt werden:

*Dep = DLo x cos LAT*

(Dep = Abweitung in NM / D Lo = Längenunterschied / cos LAT = Cosinus der geogr. Breite)

Liegen zwei gegebene Orte auf verschiedenen Breiten, so rechnet man mit der Abweitung der Mittelbreite *(MLat)* wie folgt:

*Dep = DLo x cos MLat*

(cos M Lat = Cosinus der Mittelbreite)

*Beispiele* (zu Abbildung 15):

1. *Wie groß ist die Abweitung (Dep) zwischen 3° E und 5° E auf LAT 30° N ?*

   *Lösung:*

   *DLo = 2° oder 120'* *cos 30° = 0.866*

   Dep = D Lo x cos LAT = 120' x 0,866 = 104 NM

2. *Wie groß ist die Abweitung (Dep) zwischen 3° E und 5° E auf LAT 60° N ?*

   *Lösung:*

   *DLo = 2° oder 120'* *cos 60° = 0.5*

   Dep = D Lo x cos LAT = 120' x 0,5 = 60 NM

### 2.1.2 Entfernungs- und Geschwindigkeitsmaße in der Flugnavigation

#### 2.1.2.1 Die Seemeile (engl.: **N**autical **M**ile = NM)

Für die Angabe von Entfernungen zwischen zwei Punkten auf der Erdoberfläche wendet man in der Flugnavigation folgende Maßeinheit an:

- ***die Seemeile*** (engl.: ***Nautical Mile = NM***) = ***1,852 km!***

Eine Seemeile ist die mittlere Länge einer ***Bogenminute (1')*** auf einem Meridian (Längenkreis) zwischen dem Äquator und einem der Erdpole; sie entspricht der Länge von 1.852 m (= Eintausendachthundertzweiundfünfzig Meter). Ganz allgemein kann man sagen, daß eine nautische Meile der Länge einer Bogenminute auf jedem Großkreis auf der Erdoberfläche entspricht, was sich - wie folgt - leicht erklären läßt:

Alle Großkreise - folglich auch der Äquator und alle Meridiane (einschließlich der Gegenmeridiane) - haben einen mittleren Umfang von

- ***40.000 km = 21.600 NM!***

**Teilen** wir nun diese 21.600 NM (oder 40.000 km) **durch 360** - bekanntlich hat ein Kreis 360° - so finden wir für 1° **(1 Bogengrad)** den 360 ten Teil, also **60 NM (oder 111.111 km).**

Wir müssen uns daher einprägen:

- ***Länge eines Bogengrades: 60 NM (= 21.600 NM : 360°)***

oder

- ***Länge eines Bogengrades: 111 km (= 40.000 km : 360°)***

Ein Bogengrad (1°) wird nochmals unterteilt in 60 ***Bogenminuten (60')***; folglich stellt eine Bogenminute den 60 ten Teil von einem Bogengrad (= 60 NM) dar. So kommen wir zur nautischen Meile, die einer Bogenminute entspricht. Wir merken uns daher:

- ***Länge einer Bogenminute: 1 NM (= 60 NM : 60)***

oder

- ***Länge einer Bogenminute: 1,852 km (= 111,111 km : 60)***

#### 2.1.2.2 Die englische Landmeile (engl.: statute mile = ML)

In den angelsächsischen Ländern (Großbritannien, USA usw.) wird als Entfernungsmaß in der Flugnavigation noch häufig die **englische Landmeile** verwendet. Sie ist ein willkürliches Längenmaß, d.h., ihre Länge hat keinerlei Beziehung zu den Ausmaßen der Erdkugel.

- ***Merke: 1 englische Landmeile (statute mile = ML) = 1,609 km!***

Wird im angelsächsischen Sprachbereich von 'Meilen' gesprochen, so ist damit immer die englische Landmeile (statute mile) gemeint.

#### 2.1.2.3 Der Kilometer (km)

Der Kilometer (km) ist in allen Ländern, die das 'metrische System' benutzen, das gebräuchlichste größere Längenmaß für Entfernungsangaben.

Die Länge des Kilometers ist - wie die der Seemeile (NM) - direkt vom Erdumfang abgeleitet.

***Merke: 1 Kilometer = 40.000 ter Teil des mittleren Erdumfangs!***

### 2.1.2.4 Geschwindigkeitsmaße in der Flugnavigation

Die ***Geschwindigkeit*** eines Flugzeugs wird in der Luftfahrt - von einigen Ausnahmen abgesehen - grundsätzlich angegeben

- *in Knoten* (engl.: *knot = KT*)

Unter dem Begriff Geschwindigkeit versteht man das Verhältnis von zurückgelegter Entfernung zu der dazu benötigten Zeit (***Weg/Zeit***).

In der Flugnavigation wird - wie wir schon wissen - die Entfernung in Seemeilen ausgedrückt. Also lautet hier das Verhältnis, welches die Geschwindigkeit angibt

- *NM/h (Nautische Meilen pro Stunde)*

Diese Bezeichnung wird jedoch nicht angewendet, sondern man nennt das Verhältnis NM/h in der Luftfahrt (wie in der Seefahrt)

- *Knoten (=NM/h)* - engl.: *knots = KT!*

Sagt man also, ein Flugzeug sei 100 Knoten (KT) schnell, so meint man damit: Das Flugzeug legt 100 Seemeilen (NM) pro Stunde zurück. Darüberhinaus kann aber die Geschwindigkeit eines Luftfahrzeugs noch mit anderen Geschwindigkeitsmaßen ausgedrückt werden:

- *Meilen pro Stunde (engl.: stat. miles per hour = MPH)*

Diese Geschwindigkeitsangabe ist vor allem in den USA üblich. Die Fahrtmesser in älteren amerikanischen Flugzeugen sind vorwiegend in MPH (= statute **m**iles **p**er **h**our) geeicht und haben zusätzlich eine Nebenskala in Knoten (KT)!

- *Kilometer pro Stunde (km/h)*

Das Geschwindigkeitsmaß km/h war bis zum Ende des zweiten Weltkrieges (1945) in vielen Ländern auch im Luftfahrtbereich gültig. Heute sind Fahrtmesser mit km/h - Anzeige allgemein nur noch in Segelflugzeugen und älteren Motorflugzeugen - besonders in denen französischer und deutscher Herkunft zu finden.

Die folgende Umrechnungstabelle zeigt uns das Verhältnis der wichtigsten Längenmaße zueinander

| Einheit | km | NM | ML | Fuß (ft) | Einheit | m | Fuß (ft) | Yard (yd) |
|---|---|---|---|---|---|---|---|---|
| 1 km | – | 0,54 | 0,62 | 3 280 | 1 m | – | 3,28 | 1,0936 |
| 1 NM | 1,852 | – | 1,15 | 6076 | 1 ft | 0,3048 | – | o, 33 |
| 1 ML | 1,609 | 0,8684 | – | 5280 | 1 yd | 0.9144 | 3 | – |

**Abb. 16 Umrechnungstabelle Längenmaße (metrisch / angelsächsisch)**

Für schnelle und ausreichend genaue Überschlagsrechnungen in der Praxis können folgende Faustregeln verwendet werden:

- NM oder KT in km oder km/h:

*NM oder KT x 2 – 10% = km oder km/h*

- km oder km/h in NM oder KT:

  *km oder km/h : 2 + 10% = NM oder KT*

- ML oder MPH in km oder km/h:

  *ML oder MPH x 2 – 20% = km oder km/h*

- km oder km/h in ML oder MPH:

  *km oder km/h : 2 + 20% = ML oder MPH*

Anmerkung: Umrechnungen von Längen- und Geschwindigkeitsmaßen mit dem **Navigationsrechner** werden unter 7.0 'Der Navigationsrechner' behandelt!

### 2.1.2.5 In der Luftfahrt anzuwendende Maßeinheiten nach ICAO-Anhang 5

Die ICAO (International Civil Aviation Organisation) hat im Anhang 5 (Annex 5) zum ICAO-Vertrag (Units of Measurement = Maßeinheiten) die in der internationalen Luftfahrt anzuwendenden Maßeinheiten festgelegt.
In der Bundesrepublik Deutschland gilt der sogenannte **'Blue Table'** dieses ICAO-Anhangs, der folgende Maßeinheiten vorschreibt:

- Für Zwecke der Navigation: *Seemeilen und Zehntel (NM) (Nautical miles and tenths)*
- Für kurze Entfernungsangaben, insbesondere auf Flugplätzen: *Meter (m) (Metres)*
- Höhen über NN, geographische Höhen und Höhen über Grund: *Fuß (ft) (feet)*
- Horizontale Geschwindigkeit einschließlich Windgeschwindigkeit: *Knoten (KT) (Knots)*
- Vertikale Geschwindigkeit: *Fuß pro Minute (FPM) (Feet per minute)*
- Windrichtung für Start und Landung: *Grad mißweisend (Degrees magnetic)*
- Windrichtung außer für Start und Landung: *Grad rechtweisend (Degrees true)*
- Sicht (einschließlich Landebahnsicht RVR = runway visual range): *Kilometer (km) oder Meter (m) (Kilometres or metres)*
- Höhenmessereinstellung: *Hektopascal (hPA)*

  Anmerkung:
  Auf Verlangen des Luftfahrzeugführers kann für Luftdruckangaben zur Einstellung des Höhenmessers auch die Maßeinheit Zoll (engl.: inch) verwendet werden.
- Temperatur: *Grad Celsius (°C) (Degrees Celsius)*
- Gewicht: *Kilogramm (kg) (Kilogrammes)*
- Zeit: *Koordinierte Weltzeit (UTC) (Universal Time Coordinated = UTC)*

## 2.1.3 Richtungen, Bezugsrichtungen, Kursarten und Peilungen

### 2.1.3.1 Richtungen auf der Erdoberfläche

Richtungsbestimmungen werden in der Navigation von einer ***Bezugsrichtung*** aus gemacht, die uns allen bekannt ist als

- *Norden* (engl.: *North = N*).

Auf der Erdkugel **entspricht** der Richtungsbegriff Norden - oder kürzer 'NORD' - genau der **Richtung der geographischen Meridiane (Längenkreise) zum Nordpol hin.**

Jede Richtung wird von Nord (N) ausgehend im Uhrzeigersinn über Ost (engl.: East = E), Süd (engl.: South = S) und West (engl.: West = W) als ***Winkel*** gemessen von

- *000° bis 360°.*

Die nachstehend abgebildete ***Kompaß-Rose*** - auch Kompaß - Gradrose genannt - zeigt uns die Richtungen mit den dazugehörigen Gradzahlen:

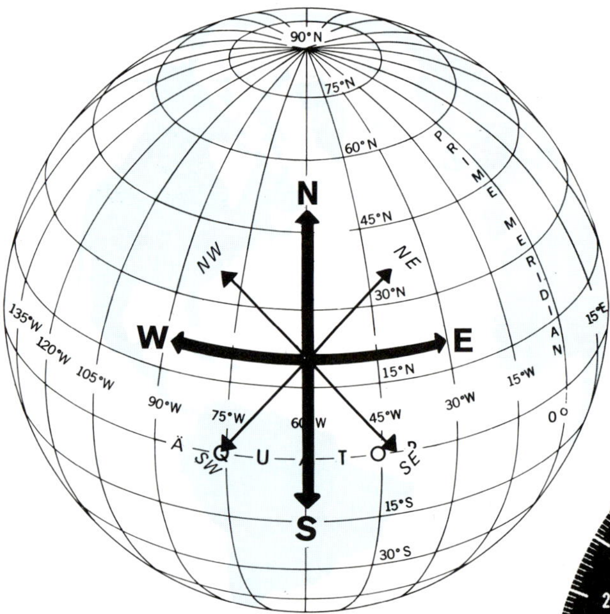


Abb. 17

**Die Kompaßrose und Darstellung der Richtungen auf der Erdkugel**

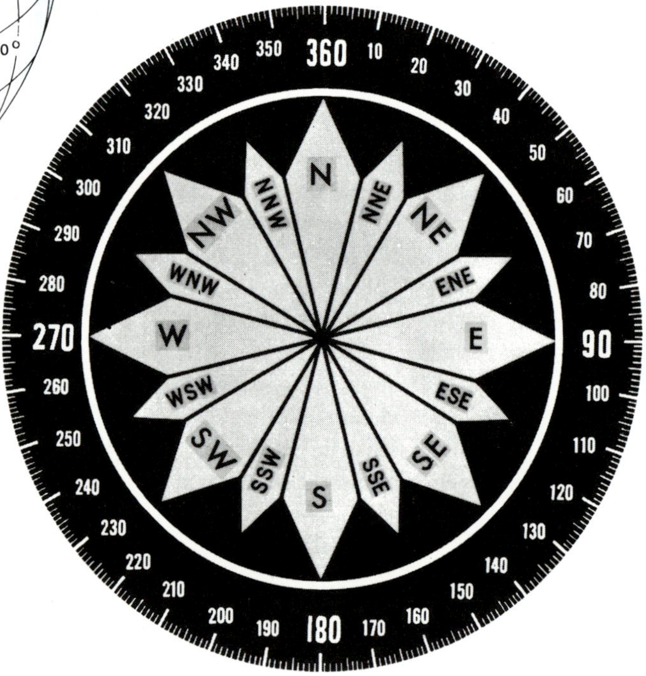

- *NORD (N) = 000°* oder *360°*
- *OST (E) = 090°*
- *SÜD (S) = 180°*
- *WEST (W) = 270°*

sind auf der Kompaßrose die ***Haupthimmelsrichtungen***, während

- ***Nord-Ost*** *(NE) = 045°*
- ***Süd-Ost*** *(SE) = 135°*
- ***Süd-West*** *(SW) = 225°*
- ***Nord-West*** *(NW) = 315°*

als ***Zwischenhimmelsrichtungen*** bezeichnet werden.

Alle Richtungen werden in der Fliegerei grundsätzlich **in dreistelligen Ziffern** angegeben!

| | | | | |
|---|---|---|---|---|
| *Beispiele:* | *5°* | = | *005°* | (sprich: 'NULL NULL FÜNF Grad') |
| | *30°* | = | *030°* | (sprich: 'NULL DREI NULL Grad') |
| | *340°* | = | *340°* | (sprich: 'DREI VIER NULL Grad') |

## 2.1.3.2 Bezugsrichtungen in der Flugnavigation

Richtungen werden immer ***von einer Bezugsrichtung aus*** im Uhrzeigersinn von 000° bis 360° gemessen. In der Navigation müssen wir uns daran gewöhnen, zwischen drei verschiedenen Bezugsrichtungen zu unterscheiden, die zwar alle die Bezeichnung ***'NORD'*** haben, die aber zum Teil erheblich voneinander abweichen:

- ***Rechtweisend NORD = rwN** (engl.: **True North = TN**)*
  ***ist die Richtung der geographischen Meridiane (Längenkreise) zum geographischen Nordpol hin!***

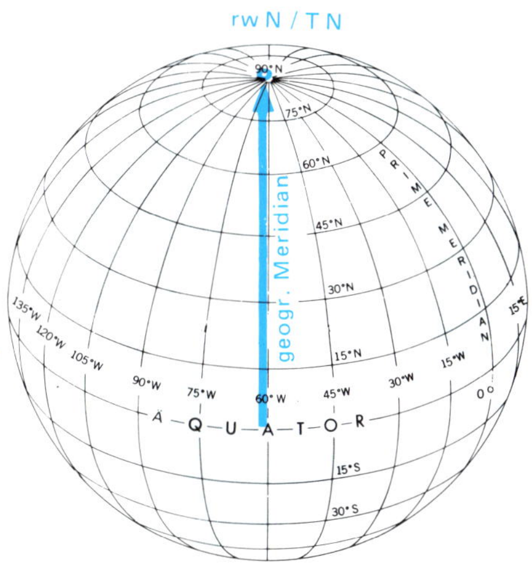


**Rechtweisend Nord (rwN / TN) ist die Richtung zum geographischen Norpol hin**

Abb. 18

***Rechtweisende Richtungen*** werden für graphische (zeichnerische) Lösungen von Navigationsaufgaben auf Luftfahrtkarten (z. B. Einzeichnen des Flugweges von A nach B) und für rechnerische Lösungen solcher Aufgaben auf dem Navigationsrechner verwendet **(siehe folgende Kapitel!)**.

**• *Mißweisend NORD = mwN* (*engl.: Magnetic North = MN*)**
***ist die Richtung der magnetischen mißweisenden Meridiane, die zum magnetischen Nordpol hin zusammenlaufen!***

Die magnetischen Pole der Erde fallen nicht mit der Lage der geographischen Pole zusammen. Der **magnetische Nordpol** befindet sich zur Zeit **etwa 1100 NM (2000 km) südlich** des **geographischen** Nordpols in Nordkanada.

Die Magnetnadel eines nur vom Magnetfeld der Erde beeinflußten Magnetkompasses, der im Flugzeug als Grundinstrument für die Richtungsfindung dient, wird sich aus diesem Grunde parallel zu den Feldlinien des Erdmagnetfeldes - also in Richtung der magnetischen (mißweisenden) Meridiane - ausrichten und **nicht** nach 'rechtweisend Nord' (rwN / TN) zeigen.

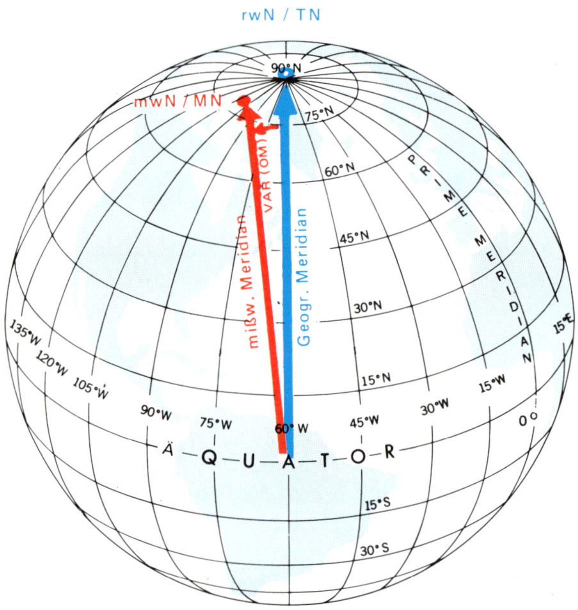


Abb. 19

Mißweisend Nord (mwN / MN) und Ortsmißweisung (OM / VAR)

Der ***Winkelbetrag***, um den 'mißweisend Nord' (mwN/MN) von 'rechtweisend Nord' (rwN / TN) abweicht, wird in der Navigation

**• *Ortsmißweisung = OM* (*engl.: Variation = VAR*)**

genannt (siehe 5.0 Der Magnetkompaß).

Mißweisende Richtungen (engl.: magnetic directions) finden Anwendung:

- in der **Funknavigation** (siehe Band 4 B, 'Funknavigation für Privatflugzeugführer')
- bei **Zielflügen** (engl.: homing)
- bei **Warteverfahren** (engl.: holding procedures)
- bei **Instrumentenanflugverfahren** (engl.: instrument approach procedures)

**• *Kompaß - Nord = KN* (*engl.: Compass North = CN*) *ist die vom Magnetkompaß tatsächlich angezeigte Nordrichtung!***

Der im Flugzeug eingebaute Magnetkompaß wird **n i c h t n u r** vom Magnetfeld der Erde allein beeinflußt. **Metallteile** - z. B. das Triebwerk - und die **Stromkreise** des elektrischen Systems verursachen ***magnetische Störungen***, die die **Kompaßanzeige** um einen bestimmten ***Winkelbetrag*** von der mißweisenden Nordrichtung (mwN / MN) ***ablenken.***
Diese A b l e n k u n g der Kompaßnadel durch Magnetfelder i m F l u g z e u g selbst wird als

- ***Kompaßablenkung*** oder ***Deviation = DEV*** (engl.: Deviation = DEV)

bezeichnet (siehe 5.0 'Der Magnetkompaß'). ***Kompaßrichtungen*** werden in der Navigation zur ***Festlegung von Steuerkursen (engl.: heading)*** benötigt.

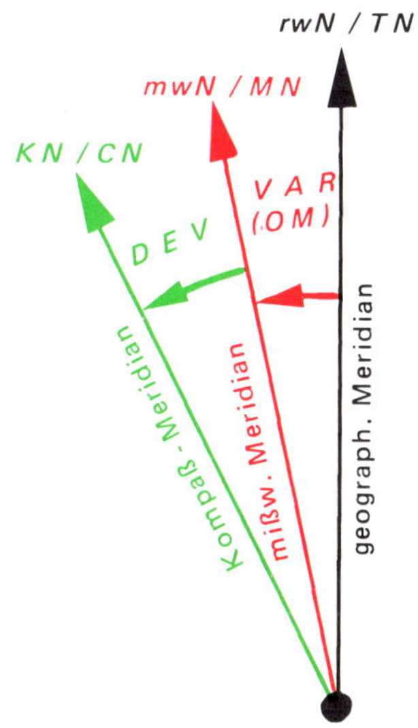


Abb.20 — Kompaß-Nord (KN/CN) und Kompaßablenkung/Deviation (DEV) und Variation (VAR)

### 2.1.3.3 Kursarten und deren Benennung

Die ***Richtung*** von einem Ort auf der Erdoberfläche zu einem anderen nennt man in der Navigation

***Kurs.***

Unter dem Begriff 'K u r s' ist der W i n k e l zwischen einem Meridian (geographischer, mißweisender oder Kompaßmeridian) und der sogenannten 'K u r s l i n i e' (= Flugrichtung oder Flugweg über Grund) zu verstehen. Jeder K u r s wird von einer der drei bekannten N o r d - B e z u g s r i c h t u n g e n aus (rwN / TN, mwN / MN oder KN / CN – siehe Abb. 18-20) im Uhrzeigersinn über Ost, Süd und West als Winkel von

***000° bis 360°***

gemessen und entsprechend bezeichnet.
In der fliegerischen Praxis müssen wir zwischen f o l g e n d e n K u r s a r t e n unterscheiden lernen, auf die wir in den nächsten Kapiteln noch genauer eingehen werden:

- ***Rechtweisender Kurs = rwK***
  (engl.: True Course = TC)
  ist der W i n k e l zwischen der Bezugsrichtung
  ***'rechtweisend Nord' (rwN / TN)*** und dem ***Flugweg*** oder der ***Flugrichtung (Kurslinie) über Grund!***

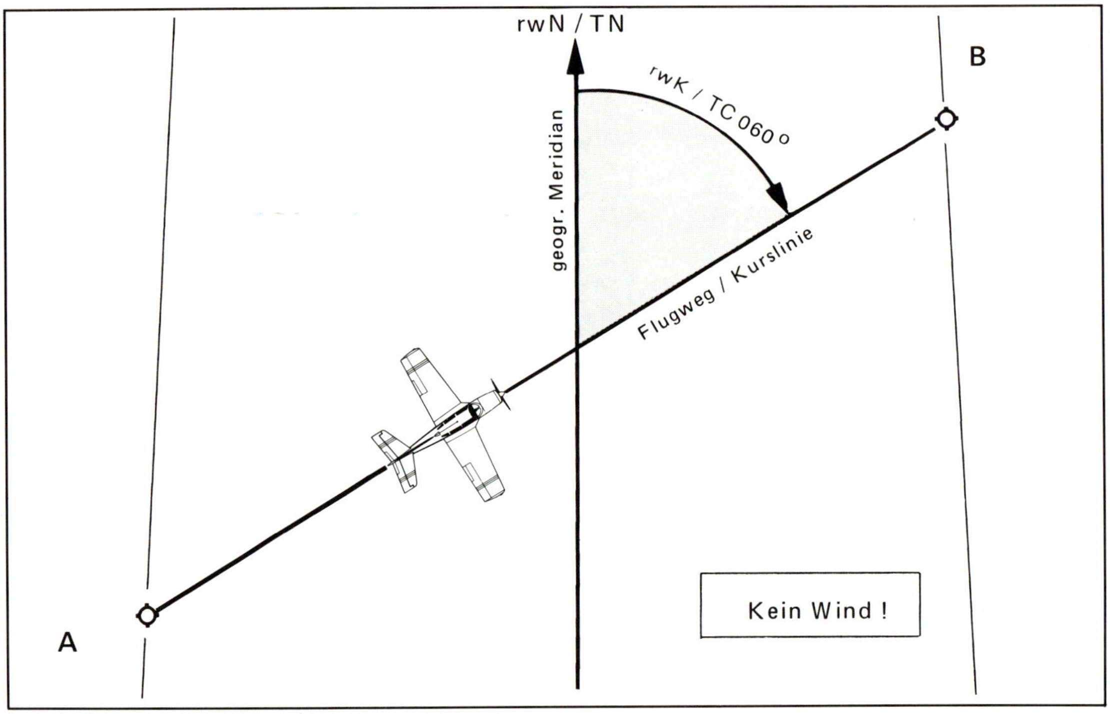


Abb. 21 — Der **recht** **w**eisende **K**urs (rwK; engl.: TC = **t**rue **c**ourse) ist der Winkel zwischen rechtweisend Nord (rwN/TN) und dem Flugweg (Kurslinie) über Grund

Bei der ***Flugvorbereitung*** auf der Karte wird der rechtweisende Kurs (rwK/TC) häufig auch als 'Kartenkurs' oder 'geplanter Flugweg' (engl.: intended track oder required track) bezeichnet. Während des Fluges nennt man ihn 'Kurs über Grund' (engl.: actual track oder Track Made Good = TMG).

In Abb. 21 ergibt sich aus der rechtweisenden Richtung von A nach B ein

- *rechtweisender Kurs (rwK/TC) - oder 'Kartenkurs' - von 060°.*

Anmerkung: **Die Entnahme von Kursen aus Luftfahrtkarten wird unter 4.0 'Karten für die Luftfahrt' behandelt !**

- ***R**echt**w**eisender **S**teuer**k**urs = **rwSK** (engl.: **T**rue **H**eading = **TH**) ist der Winkel zwischen der Bezugsrichtung 'rechtweisend Nord' (rwN / TN) und der Richtung, in die die Nase des Flugzeugs (= Flugzeuglängsachse) ausgerichtet ist (Steuerkurslinie)!*

Wirkt während des Fluges kein Wind auf das Flugzeug ein, so sind 'rechtweisender Steuerkurs' (rwSK / TH) und 'rechtweisender Kurs' (rwK / TC) - oder 'Kurs über Grund' - gleich **(siehe Abb. 21)**.

Bei Windeinfluß von links oder von rechts unterscheidet sich der 'rechtweisende Steuerkurs' (rwSK / TH) vom 'rechtweisenden Kurs' (rwK / TC) - oder 'Kurs über Grund' - um den Betrag

- *des sogenannten Luvwinkels (= Vorhaltewinkel in den Wind hinein, um auf der Kurslinie zu bleiben)* - engl.: **W**ind **C**orrection **A**ngle = ***WCA***
  oder
- *der Abtrift* (engl.: Drift Angle = DA).

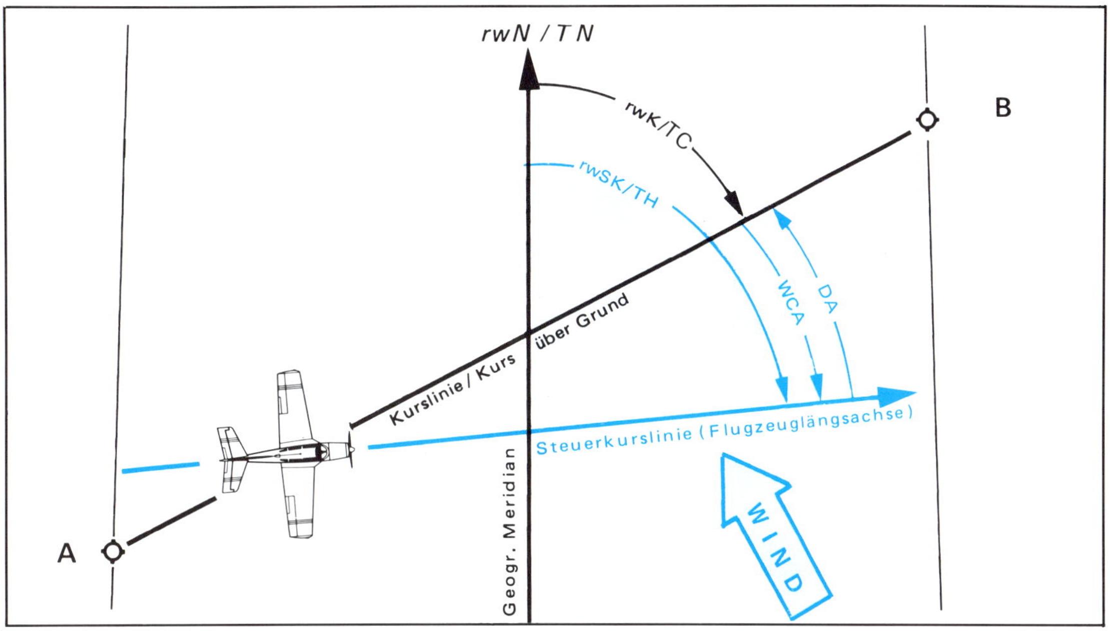


Abb. 22 — Der rechtweisende Steuerkurs (rwSK / TH)
**Anmerkung:** Siehe hierzu Kapitel 6.0 'Windeinfluß und Winddreieck'!

- ***Mißweisender Steuerkurs* =*mwSK*** *(engl.: **M**agnetic **H**eading = **MH**) ist der Winkel zwischen der Bezugsrichtung 'mißweisend Nord' (mwN / MN) und der Längsachse des Flugzeugs!*

Der *mißweisende Steuerkurs (mwSK / MH)* unterscheidet sich vom rechtweisenden Steuerkurs (rwSK / TH) um den Betrag der *Ortsmißweisung (OM / VAR)*.

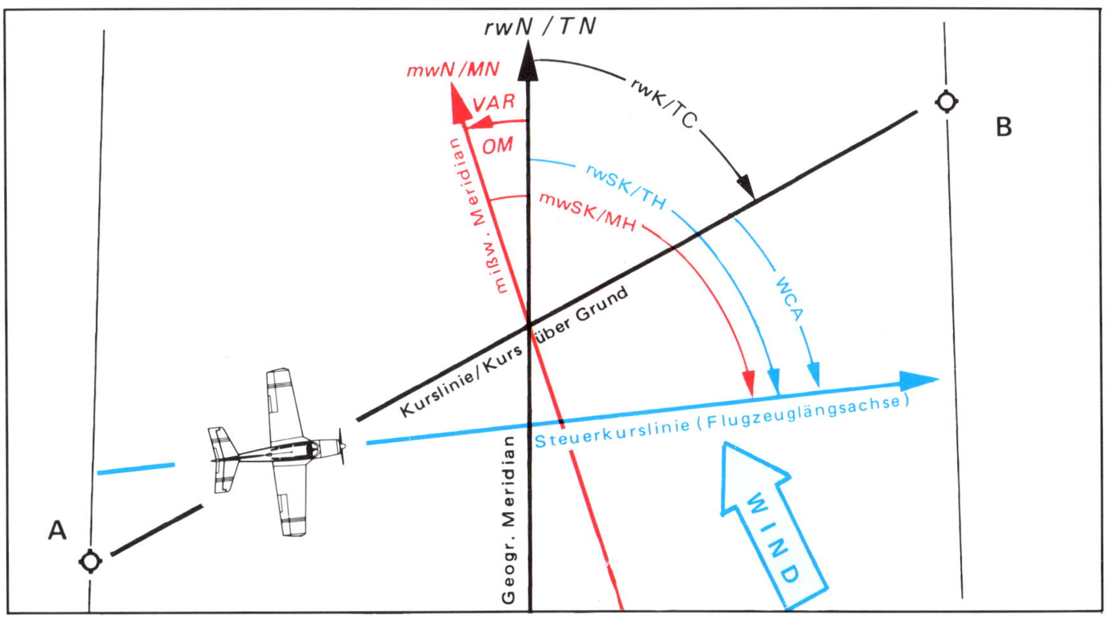


Abb. 23 — Der mißweisende Steuerkurs (mwSK / MH)

**Anmerkung:** Siehe hierzu Kapitel 5.0 'Der Magnetkompaß'!

**● Kompaß-Steuerkurs = KSK** *(engl.: **Compass Heading = CH**) ist der Winkel zwischen der Bezugsrichtung 'Kompaß-Nord' (KN / CN) und der Längsachse des Flugzeugs!*

Der *Kompaß-Steuerkurs (KSK / CH)* weicht vom mißweisenden Steuerkurs (mwSK / MH) um den Betrag der ***Kompaßablenkung / Deviation (= DEV)*** ab, die durch Magnetfelder im Flugzeug selbst (Metallteile, Stromkreise usw.) verursacht wird.

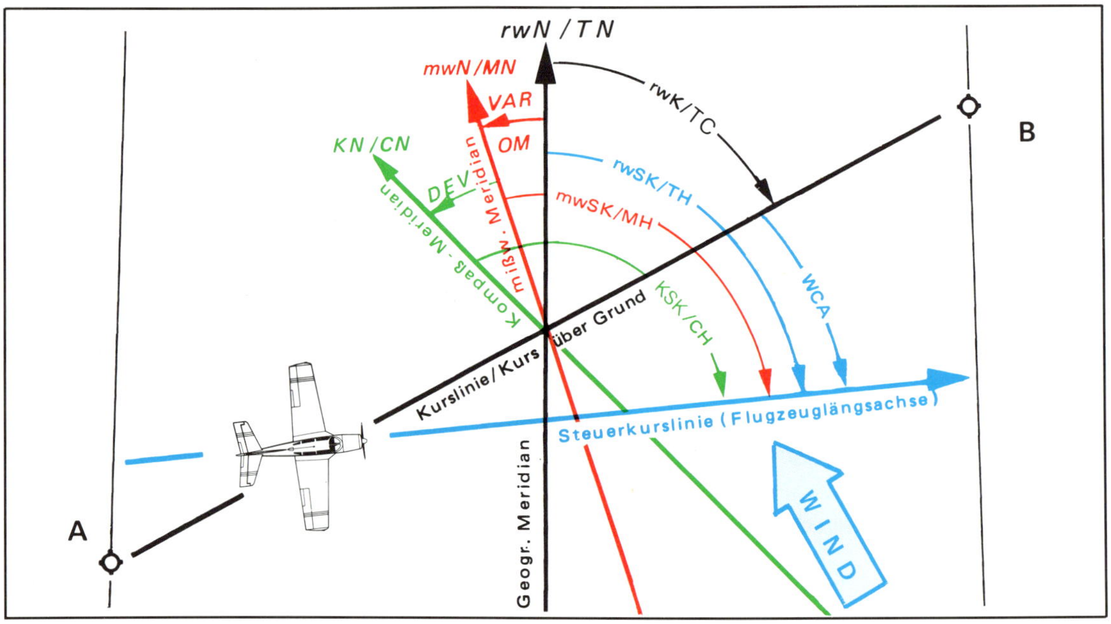


Abb. 24 — **Der Kompaß-Steuerkurs (KSK / CH)**
**Anmerkung:** Siehe hierzu Kapitel 5.0, 'Der Magnetkompaß'!

## 2.1.3.4 Peilungen und deren Bezeichnung

Unter dem Begriff ***Peilung (engl.: bearing)*** versteht man in der Flugnavigation den Winkel zwischen einer Bezugsrichtung und

- der Richtung, in der man aus der Luft einen markanten Geländepunkt sieht *(Sichtnavigation)*
- der Richtung, aus der Funkwellen - z. B. von einem Funkfeuer - empfangen werden können *(Funknavigation).*

Die Bezeichnung einer Peilung richtet sich nach der Bezugsrichtung, von der aus der Peilwinkel zur sogenannten *'Standlinie' (engl.: **Line of Position = LOP**)* bestimmt wird (**siehe Abb. 25 und 26**).

***Merke: Eine Standlinie ( = LOP) ist die Verbindungslinie zwischen dem Standort des Flugzeugs zum Zeitpunkt der Peilung und einem Objekt auf der Erdoberfläche (z.B. markanter Geländepunkt, Funkfeuer usw.).***

Eine durch Sichtnavigation (terrestrische Navigation) ermittelte Standlinie (LOP) vom Flugzeug aus zu einem Geländepunkt hin nennt man

- *terrestrische Standlinie (engl.: visual line of position).*

Hat man die Standlinie (LOP) durch eine Funkpeilung gewonnen, so spricht man von einer

- *Funkpeilstandlinie (engl.: radio line of position).*

Zur genauen Standortbestimmung sind immer mindestens zwei Peilungen zu verschiedenen Objekten hin erforderlich. Der Schnittpunkt zweier (oder mehrerer) durch Peilungen ermittelter Standlinien (LOP) ist der Standort (engl.: position oder fix) des Flugzeugs.

- *Merke: Der Standort eines Flugzeugs ergibt sich aus dem Schnittpunkt zweier oder mehrerer Standlinien (LOP)!*

Peilungen, die als Bezugsrichtung 'rechtweisend Nord' (rwN / TN) haben, bezeichnet man als

- *rechtweisende Peilungen (engl.: **T**rue **B**earing = **TB**).*

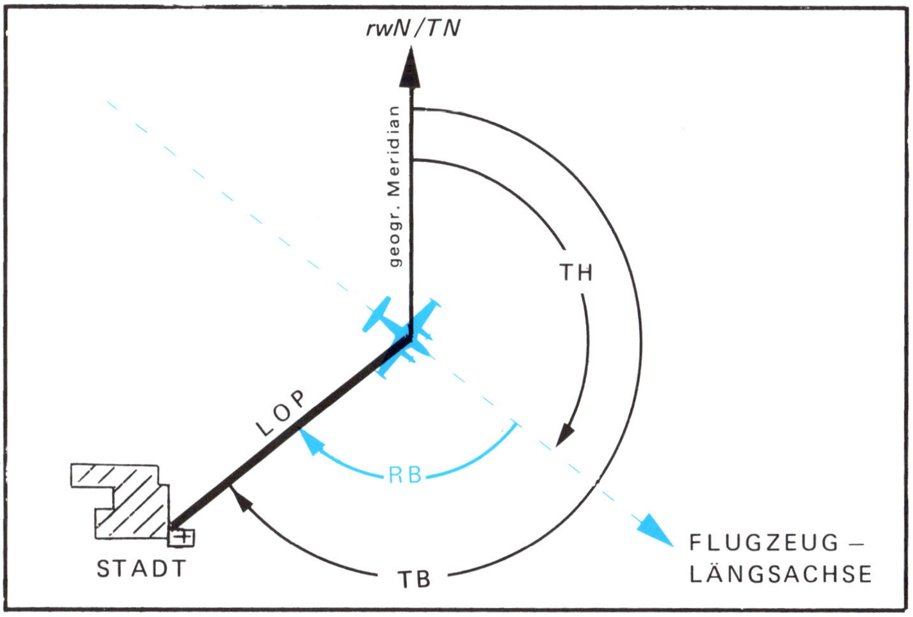


Abb. 25 Rechtweisende Peilung (**T**rue **B**earing = **TB**)

Nimmt man die Flugzeuglängsachse als Bezugsrichtung für eine Peilung, so spricht man von einer

- *Seitenpeilung (engl.: **R**elative **B**earing = **RB**)*
  (siehe Abb. 25 und 26)!

Seitenpeilungen werden vor allem in der **Funknavigation** angewendet und werden dann als

- *Funkseitenpeilung (engl.: **R**elative **B**earing = **RB**)* - Abb. 26

bezeichnet (siehe Band 4 B, 'Funknavigation für Privatflugzeugführer')!

Peilungen, die 'mißweisend Nord (mwN/MN) als Bezugsrichtung haben, heißen

- ***mißweisende Peilungen** (engl.: **M**agnetic **B**earing = **MB**).*

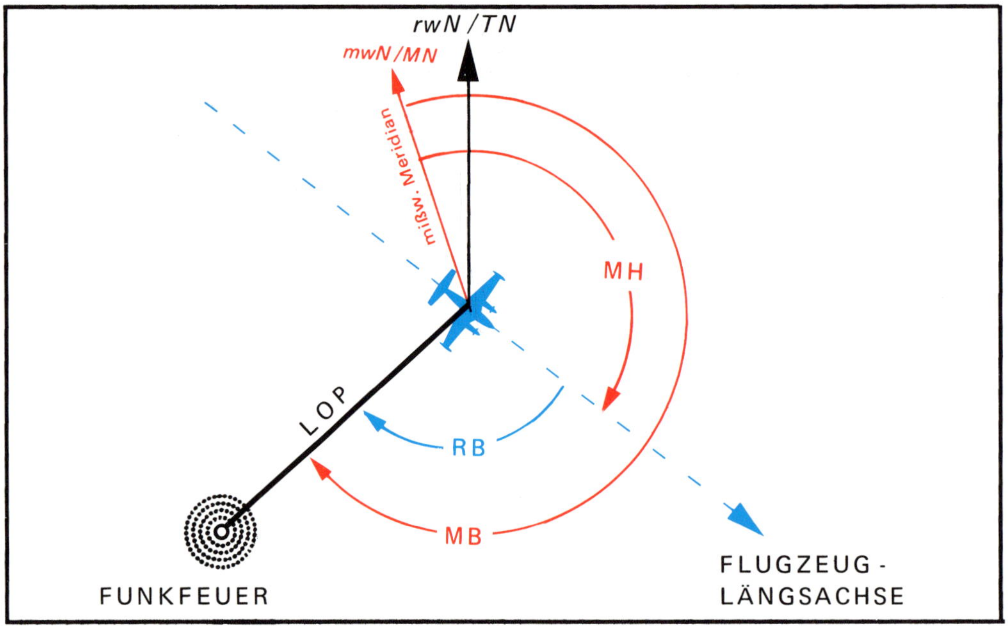


Abb. 26 **Mißweisende Peilung (Magnetic Bearing = MB)**

Mißweisende Peilungen (Magnetic Bearing = MB) werden vorwiegend für funknavigatorische Zwecke verwendet **(siehe Band 4B, 'Funknavigation für Privatflugzeugführer')!**

### 2.1.4 Der Großkreis (Orthodrome) und die Kursgleiche (Loxodrome)

Wäre die Erde eine ebene Fläche, so könnten wir uns die folgenden Ausführungen ersparen. Dann wäre nämlich die **kürzeste Entfernung** zwischen zwei Punkten eine **Gerade,** die die beiden Punkte miteinander verbindet.
Auf der Kugeloberfläche der Erde kann man aber keine gerade Linie von einem Punkt zum anderen ziehen. Jede Linie auf der Erdoberfläche ist aufgrund der Kugelgestalt der Erde gekrümmt.

#### 2.1.4.1 Der Großkreis (Orthodrome), Großkreisentfernung und Großkreisrichtung

Auf einer Kugel können zwei Punkte mit verschiedenen Linien verbunden werden. Wie wir schon wissen, liegt die kürzeste Entfernung zwischen zwei Orten auf der Erdoberfläche auf dem

- ***Großkreis** (engl.: **great circle**),*

der sich durch beide Orte legen läßt **(siehe Abb. 27)**. Der Großkreis wird auch ***Orthodrome*** (griech.: ***gerader Weg***) genannt. Auf der Erde können zwei Orte nur mit einem bestimmten Großkreis (Orthodrome) verbunden werden, es sei denn, die Orte liegen sich auf der Kugel diametral gegenüber ( = genau gegenüber).

*Merke: Die 'Großkreisentfernung' - also die kürzeste Entfernung - zwischen zwei Orten auf der Erdoberfläche ist immer der kürzere Bogen des Großkreises, der sich durch die beiden Orte legen läßt!*

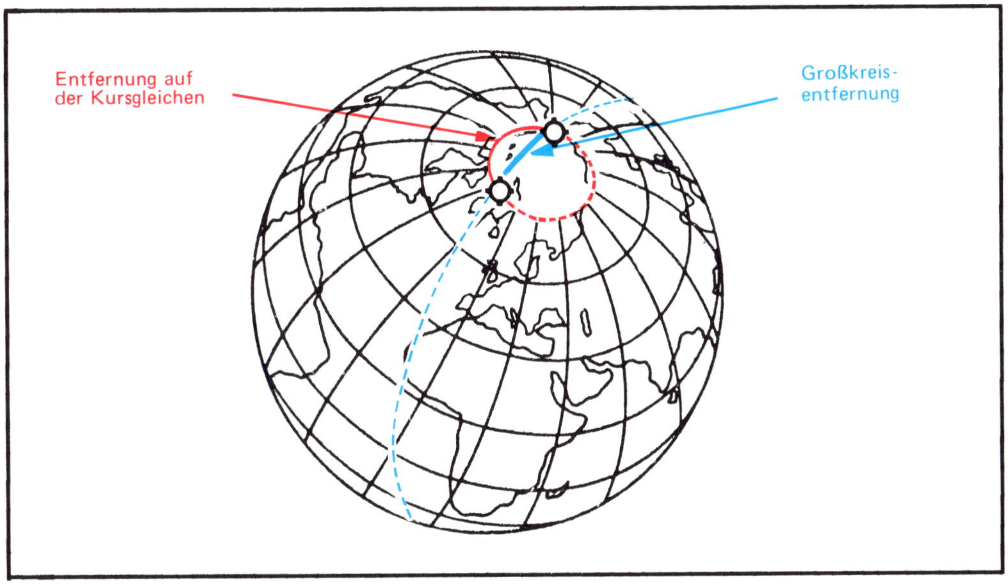


Abb. 27 Der Großkreis - oder besser der kürzere Bogen des Großkreises - ist die kürzeste Verbindungslinie zwischen zwei Orten auf der Erdoberfläche

Will man nun in der Praxis auf einem **Großkreisbogenstück** von A nach B fliegen (**siehe Abb. 27**), so stellt sich schon bei der Flugvorbereitung heraus, daß es gar nicht so einfach sein wird, auf dieser kürzestmöglichen Verbindungslinie zwischen A und B zu fliegen. Sie schneidet nämlich alle Meridiane unter einem anderen Winkel!

Die Richtung des Großkreises - 'Großkreisrichtung' genannt - ist also nicht konstant, sondern sie ändert sich laufend.

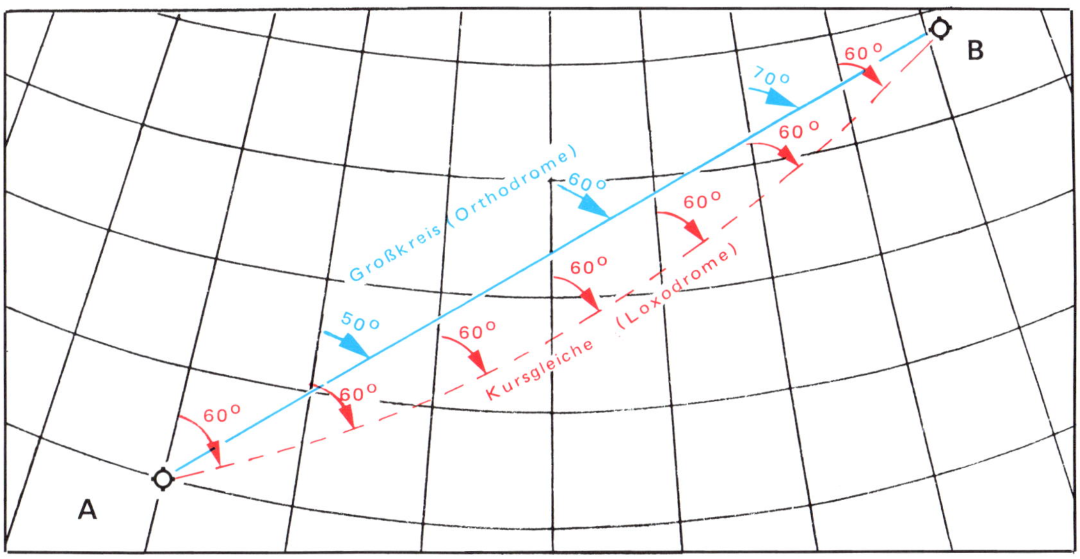


Abb. 28 Die Großkreisrichtung ändert sich laufend! Im Vergleich dazu die Kursgleiche (Loxodrome), die alle Meridiane unter dem gleichen Winkel schneidet (**siehe 2.1.4.2!**)

Die Abb. 28 zeigt uns, daß der Kurs für jeden Punkt auf dem Großkreis von A nach B **anders** ist, weil die Meridiane zum Pol hin zusammenlaufen (konvergieren). Folglich schneidet der Großkreis jeden Meridian unter einem anderen Winkel.

***Merke: Will man auf einem Großkreis von A nach B fliegen - ausgenommen auf dem Äquator oder auf einem Meridian - so muß der Kurs ständig geändert werden!***

## 2.1.4.2 Die Kursgleiche (Loxodrome)

Aus den vorhergehenden Betrachtungen über den Großkreis läßt sich schließen, daß eine Linie auf der Erdoberfläche, die alle Meridiane unter dem gleichen Winkel schneidet, kein Großkreis und daher auch nicht die kürzeste Verbindung zwischen zwei Punkten sein kann. Einer solchen **Linie mit konstanter Richtung** wird aber in der Fliegerei **auf kürzeren Strecken** der **Vorzug** gegeben, weil man auf ihr immer den **gleichen Kurs** steuern kann.
Sie wird in der Navigation bezeichnet als

- ***Kursgleiche (engl.: rhumb line)***
  **– auch Loxodrome (griech.: schiefer Weg).**

Verbindet man zwei Punkte (A und B) auf der Erdoberfläche mit einer Kursgleichen (Loxodrome) - also einer **Linie, die alle Meridiane zwischen A und B unter dem gleichen Winkel schneidet** - dann ergeben sich daraus zwei wichtige Gesichtspunkte:

- ***Der Weg von A nach B ist auf der Kursgleichen größer als auf dem Großkreisstück zwischen den beiden Punkten!***
- ***Die Strecke auf der Kursgleichen läßt sich aber leichter fliegen, weil während des gesamten Fluges nur ein Kurs zu steuern ist!***

Die Kursgleiche (Loxodrome) verläuft spiralförmig in einer konstanten rechtweisenden Richtung zum Pol hin und umläuft ihn, d. h. sie erreicht ihn nie!

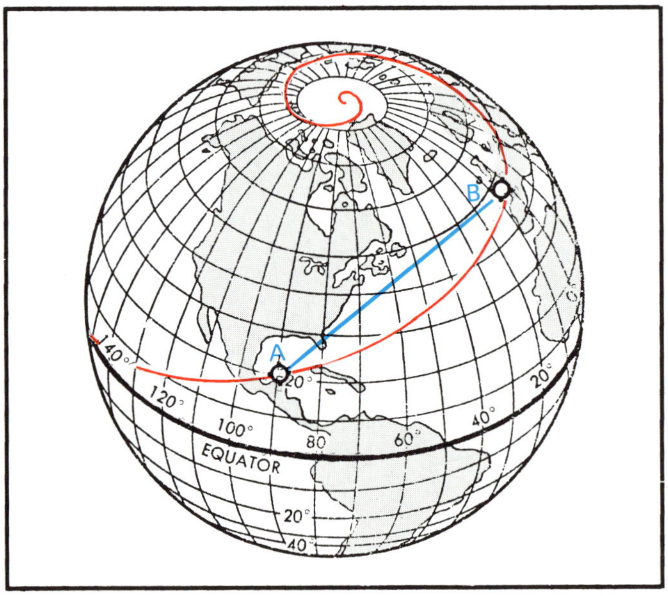


**Großkreis (blau)**

**Kursgleiche (rot)**

**Abb. 29**

Der Äquator **(Großkreis)** und die **Breitenparallele (Kleinkreise)** sind ***Kursgleiche (Loxodrome)*** mit einer konstanten rechtweisenden Richtung von 090° (Ost) oder 270° (West). Auch die **Meridiane** (Großkreise) sind loxodromische Linien auf der Erdoberfläche mit einer rechtweisenden Richtung von 000° oder 360° (Nord) bzw. 180° (Süd).
Der **Verlauf** dieser Kursgleichen, die ja mit Ausnahme der Breitenkreise alle auch Großkreise (Orthodrome) sind, **ist kreisförmig.**

Alle anderen Kursgleichen verlaufen (**wie aus Abb. 29 ersichtlich**) ***spiralförmig*** zum Pol hin und schneiden jeden Meridian unter dem gleichen Winkel.
Sie nähern sich zwar dem Pol, können ihn aber nie erreichen sondern umlaufen ihn (unendliche Spirale).

### 2.1.4.3 Vergleich zwischen Großkreis (Orthodrome) und Kursgleicher (Loxodrome)

Fliegt man zwischen zwei Orten auf der Erde **entlang einer Kursgleichen** (Loxodrome), so ist der **Flugweg länger als auf dem Großkreis,** der sich durch die beiden Orte legen läßt. Auf kürzeren Strecken fällt jedoch der Unterschied zwischen der loxodromischen Entfernung und der Großkreisentfernung kaum ins Gewicht. Man fliegt deshalb in der Praxis auf Strecken bis zu etwa 1000 NM (1852 km) die Kursgleiche, ohne dabei nennenswerte Zeiteinbußen zu erleiden.

Für Flüge in die rechtweisenden Richtungen 180° (Süd) und 360° (Nord) - also entlang eines Meridians — und in die Richtungen 090° (Ost) bzw. 270° (West) entlang des Äquators sind Kursgleiche (Loxodrome) und Großkreise (Orthodrome) **identisch.** Somit ist die Entfernung gleich groß!

Mit zunehmender geographischer Breite (engl. latitude = LAT) und bei Flügen mit einem Kurs, der sich 090° (Ost) oder 270° (West) nähert, wächst der Entfernungsunterschied zwischen der Kursgleichen und dem Großkreis jedoch beträchtlich an.

Das folgende Beispiel (**Abb. 30**) soll den **Unterschied** zwischen der **loxodromischen** Entfernung und der **Großkreisentfernung** zwischen zwei Orten auf der Erdoberfläche verdeutlichen:

Unterschied zwischen der loxodromischen Entfernung und der Großkreisentfernung von LONDON nach NEW YORK

| | | |
|---|---|---|
| Großkreis (blau) | = | 3020 NM |
| Kursgleiche (rot) | = | 3150 NM |

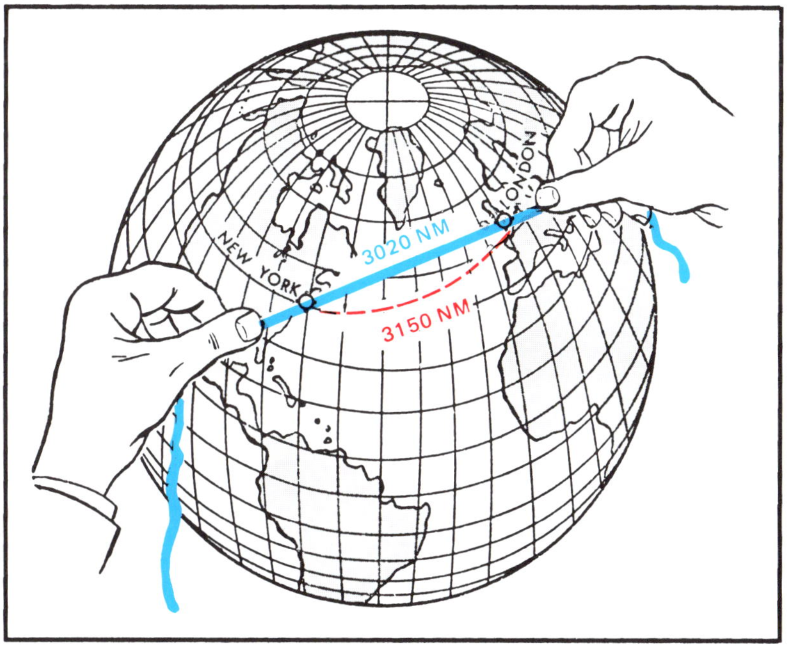


Abb. 30

- ***Loxodromische Entfernung von LONDON nach NEW YORK*** = ***3150 NM (5834 km)***
- ***Großkreisentfernung*** = ***3020 NM (5593 km)***

Auf der Nordhalbkugel verläuft der Großkreis zwischen zwei Punkten immer **nördlich der Kursgleichen** und die Kursgleiche ist eine äquatorwärts gekrümmte Linie.

**Langstreckenflüge** über große Entfernungen werden fast immer auf einem Großkreis durchgeführt (z.B. Polroute nach Japan). Damit ein solcher Großkreis überhaupt fliegbar wird, teilt man ihn in der Praxis in mehrere ***loxodromische Sehnen (Teilabschnitte)*** auf.

## 3.0 **Die Zeit**

### 3.1 Unser Sonnensystem mit den Planeten

Unser Sonnensystem, dessen Zentralgestirn die Sonne ist, besteht aus neun großen Planeten, verschiedenen Satelliten (Monden) von Planeten und etwa 1.500 kleineren Himmelskörpern (Planetoiden oder Asteroiden).

Die neun großen Planeten - von denen die meisten von Monden umkreist werden - sind nach ihrer Entfernung von der Sonne geordnet. Sie heißen **Merkur, Venus, Erde, Mars, Jupiter, Saturn, Uranus, Neptun und Pluto.** Diese Planeten bewegen sich - vom Himmelsnordpol aus betrachtet gegen den Uhrzeiger - auf sogenannten ***Planetenbahnen (engl.: orbits)*** um die Sonne.
Alle Planetenbahnen sind fast kreisförmige Ellipsen, in deren **Mittelpunkt** die **Sonne** als Zentralgestirn des Systems steht.

Die von einem Planeten für einen vollen Umlauf um die Sonne auf seiner Planetenbahn benötigte Zeit nennt man ***Planetenjahr.***

### 3.2 Das Jahr (Erdjahr)

Der ***Zeitraum***, den die Erde für einen ***vollen Umlauf*** auf der Planetenbahn (Erdbahn) ***um die Sonne*** benötigt, wird als Erdjahr - oder kurz - ***Jahr*** bezeichnet.

Das **bürgerliche Jahr (engl.: civil year)** - also ein Jahr nach unserem Kalender - besteht aus **365 Tagen**, (bzw. 366 Tagen), obwohl die genaue Umlaufzeit der Erde um die Sonne 365 Tage, 5 Stunden, 48 Minuten und 46 Sekunden beträgt. Da unser Kalender nur volle Tage zählt, gehen pro Jahr immer ungefähr 6 Stunden ( = 1/4 Tag) verloren. Aus diesem Grunde schiebt man alle vier Jahre ein ***Schaltjahr*** ein, das aus 366 Tagen (29. Februar) besteht, um den Kalender wieder mit der wahren Umlaufzeit der Erde um die Sonne in Einklang zu bringen.

Der ***Abstand*** der Erde von der Sonne - die mittlere Entfernung beträgt ca. 149.600.000 km - verändert sich im Laufe eines Jahres aufgrund der leicht elliptischen Form der Erdbahn um die Sonne (**siehe Abb. 31**). Am 3. Januar eines jeden Jahres erreicht die Erde auf der Umlaufbahn ihren sonnennächsten Punkt (147.000.000 Kilometer) - 'Perihel' genannt - und am 4. Juli ihren sonnenfernsten Punkt (152.000.000 Kilometer), der als 'Aphel' bezeichnet wird.
Die Erde umläuft die Sonne auf ihrer Planetenbahn im **Januar** mit der höchsten und im **Juli** mit der geringsten **Umlaufgeschwindigkeit.**

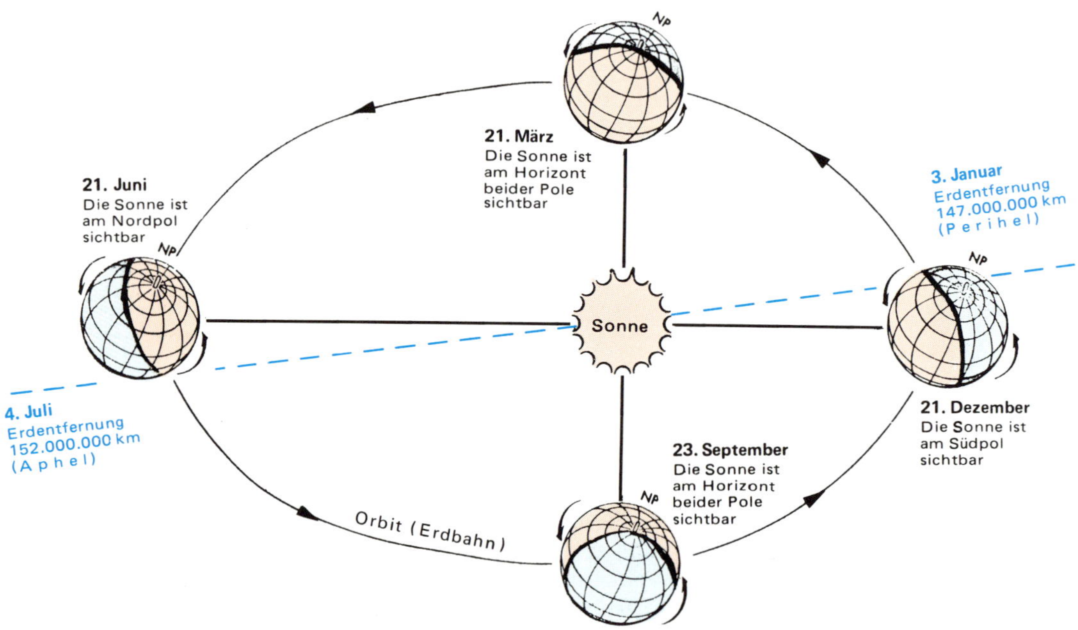


Abb. 31 Die Erde umkreist die Sonne auf einer fast kreisförmigen (leicht elliptischen) Planetenbahn

Da die **Erdachse** nicht senkrecht zur Ebene der Erdbahn ( = Ekliptik ) steht, sondern eine Neigung von 66 1/2° zu ihr hat, bildet die Ebene des Erdäquators einen Winkel von 23 1/2° mit der Ebene der Ekliptik. Diese 'Schiefe der Ekliptik' bewirkt, daß die Sonne sich einmal im Jahr um 23 1/2° in nördlicher und einmal im Jahr um 23 1/2° in südlicher Richtung vom Erdäquator entfernt ***(Sonnenwendepunkte)***. Daraus ergibt sich der **Wechsel der Jahreszeiten:**

- Am **21. März** steht die Sonne genau über dem Äquator (Frühlings- oder Widderpunkt / ***Frühlingsanfang*** auf der Nordhalbkugel).
- Danach entfernt sie sich in nördlicher Richtung vom Äquator und steht am **21. Juni** über einem Punkt, der auf 23 1/2° N (nördlicher Breite) liegt (nördlicher Wendekreis oder 'Wendekreis des Krebses'/ ***Sommeranfang*** auf der Nordhalbkugel).
- Von hier aus wendet sich die Sonne langsam wieder nach Süden und erreicht am **23. September** den Äquator im sogenannten 'Waagepunkt' (***Herbstanfang*** auf der Nordhalbkugel).
- Nun geht sie langsam auf die Südhalbkugel über und steht am **21. Dezember** genau im Zenit eines Punktes, der auf 23 1/2° S (südlicher Breite) liegt (südlicher Wendekreis oder 'Wendekreis des Stein-bocks / ***Winteranfang*** auf der Nordhalbkugel).

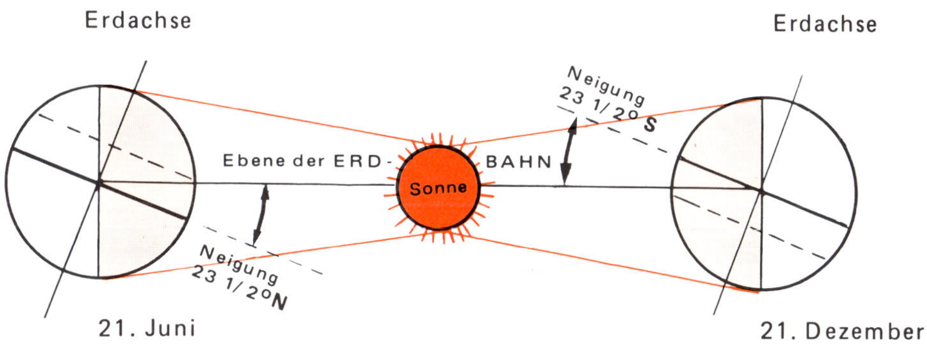


Abb. 32 Die Sonnenwendepunkte am nördlichen und südlichen Wendekreis ('Wendekreis des Krebses' / 'Wendekreis des Steinbocks')

## 3.3 Der Tag (Sonnentag)

Außerdem dreht sich die Erde bei ihrer Sonnenumkreisung auf der Planetenbahn mit einer bestimmten Rotationsgeschwindigkeit um ihre eigene Achse. Der Zeitraum, den die Erde für eine volle Umdrehung um die Erdachse in Bezug auf das Hauptgestirn unseres Planetensystems - nämlich die Sonne - benötigt, wird allgemein als ***'Tag'*** bezeichnet.

Ein Tag beginnt an irgendeinem Ort auf der Erdkugel, wenn die Sonne genau durch den Gegenmeridian (unterer Meridian) dieses Ortes geht ($00^{00}$ Uhr = Mitternacht). Deshalb haben alle Orte, die nicht auf demselben Meridian (Längenkreis) liegen, einen anderen Tagesanfang und somit auch verschiedene Tageszeiten.

Passiert die Sonne den Ortsmeridian, so ist es dort Mittag ($12^{00}$ Uhr).

Der Durchgang der Sonne durch den Gegenmeridian (unterer Meridian) eines Ortes heißt 'untere Kulmination', während der Durchgang durch den Ortsmeridian (oberer Meridian) als 'obere Kulmination' bezeichnet wird.

***Merke: Die Sonne befindet sich zur Mitternacht ($00^{00}$ Uhr) in der 'unteren Kulmination'; sie passiert den Gegenmeridian des betreffenden Ortes.***

***Am Mittag ($12^{00}$ Uhr) ist sie in der 'oberen Kulmination', also über dem Ortsmeridian.***

### 3.3.1 Der mittlere Sonnentag (Bürgerlicher Tag)

Die Zeit, die zwischen zwei aufeinanderfolgenden Durchgängen der Sonne durch den Gegenmeridian eines Ortes vergeht, wird als ***Sonnentag*** bezeichnet.
Für einen Beobachter auf der Erde bewegt sich die Sonne **scheinbar** auf der Ebene der Planetenbahn (Ekliptik) um die Erde herum. Diese scheinbare Bewegung der Sonne um die Erde vollzieht sich mit einer ungleichmäßigen Geschwindigkeit.

Aus diesem Grunde hat man für unsere Zeitmessung eine imaginäre Sonne - ***mittlere Sonne (engl.: mean sun)*** genannt - herangezogen, die sich am **Himmelsäquator (perfekter Kreis)** mit konstanter Geschwindigkeit und in konstanter Entfernung zur Erde 'bewegt'. Die mittlere Sonne benötigt für einen vollen Umlauf die gleiche Zeit wie die wahre Sonne - nämlich ein Jahr. Der Unterschied besteht darin, daß sich der Umlauf der mittleren Sonne mit einer gleichmäßigen Geschwindigkeit vollzieht, was für eine genaue Zeitmessung unbedingte Voraussetzung ist.

***Merke: Der mittlere Sonnentag - auch bürgerlicher Tag genannt - ist der Zeitraum zwischen zwei aufeinanderfolgenden unteren Kulminationen der mittleren Sonne.***

Die **Länge eines mittleren Sonnentages ist konstant** und entspricht der Durchschnittslänge aller wahren Sonnentage. Er beginnt und endet zur Mitternacht, nämlich dann, wenn die mittlere Sonne den Gegenmeridian (unterer Meridian) passiert.

Ein mittlerer Sonnentag wird in 24 Stunden eingeteilt. Eine Stunde besteht bekanntlich aus 60 Minuten und eine Minute teilt man nochmals in 60 Sekunden auf.
Die Zeitdifferenz zwischen der **mittleren Zeit** (nach der mittleren Sonne) und der **wahren Zeit** (nach der wahren Sonne) kann **bis zu 16 Minuten** betragen und wird als **'Zeitgleichung' (engl.: equation of time)** bezeichnet.

### 3.3.2 Zeit und geographische Länge

Die ***mittlere Sonne*** durchläuft die **360 Längengrade** (Meridiane) der Erde in genau **24 Stunden.** Mit dem Verhältnis 360° zu 24 Stunden kann man **geographische Länge (Bogenmaß) in Zeit** oder **Zeit in geographische Länge** umrechnen:

| | | | | | |
|---|---|---|---|---|---|
| *360°* | = | *24 h* | *24 h* | = | *360°* |
| *15°* | = | *1 h* | *1 h* | = | *15°* |
| *1°* | = | *4 min* | *1 min* | = | *15'* |
| *1'* | = | *4 sec* | *1 sec* | = | *15''* |
| *1''* | = | *0,07 sec (1/15 sec)* | ——— | | |

Abb. 33 Umrechnung von Bogenmaß in Zeitmaß und umgekehrt

*1. Umrechnung von Bogenmaß in Zeitmaß:*

***Merke: Dividiere Grade (°), Minuten (') und Sekunden ('') durch 15 und multipliziere den Rest mit 4!***

**Ein Beispiel hierzu finden Sie auf der folgenden Seite !**

*Beispiel:*

**Frage:** Welcher Zeit entsprechen **78° 43′ 30″** ?

**Lösung:**

| | | | | |
|---|---|---|---|---|
| 78 : 15 | = | 5 h | | |
| 75 | | | | |
| 3 x 4 | = | | 12 min | |
| 43 : 15 | = | | 2 min | |
| 30 | | | | |
| 13 x 4 | = | | | 52 sec |
| 30 : 15 | = | | | 2 sec |
| **78° 43′ 30″** | = | **5 h** | **14 min** | **54 sec** |

*2. Umrechnung von Zeitmaß in Bogenmaß:*

***Merke: Multipliziere die Stunden mit 15, dividiere die Minuten und Sekunden mit 4 und multipliziere die Reste der Minuten und Sekunden ebenfalls mit 15 !***

*Beispiel:*

**Frage:** Welcher geographischen Länge (Bogenmaß) entsprechen **9 h 12 min 18 sec** ?

**Lösung:**

| | | | | |
|---|---|---|---|---|
| 9 x 15 | = | 135° | | |
| 12 : 4 | = | 3° | | |
| 18 : 4 | | | 4′ | |
| 16 | | | | |
| 2 x 15 | = | | | 30″ |
| **9 h 12 min 18 sec** | = | **138°** | **4′** | **30″** |

## 3.4 Zeitsysteme und Zeitbezeichnungen

Die ***mittlere Sonne*** wird für folgende **Zeitsysteme** zur Zeitmessung verwendet:

- *__M__ittlere __O__rts__z__eit = __MOZ__ (engl.: __L__ocal __M__ean __T__ime = __LMT__)*
- *Koordinierte Weltzeit = __UTC__ (engl.: __U__niversal __T__ime __C__o-ordinated = __UTC__)*
- *Normalzeit oder gesetzliche Zeit (engl.: __S__tandard __T__ime = __ST__)*
- *__Z__onen__z__eit = __ZZ__ (engl.: __Z__one __T__ime = __ZT__)*

3.4.1 Die **mittlere Ortszeit** = MOZ (engl.: **L**ocal **M**ean **T**ime = LMT)

Wenn die mittlere Sonne durch den Gegenmeridian (unteren Meridian) eines bestimmten Ortes geht, dann ist es an diesem Ort **00⁰⁰ Uhr MOZ / LMT**. Die mittlere Ortszeit ist also der **Zeitraum** in Stunden, der seit der letzten unteren Kulmination (Passieren des Gegenmeridians) der mittleren Sonne vergangen ist.

Orte mit unterschiedlicher geographischer **Länge (LONG)** haben - entsprechend des Längenunterschieds *(DLo)* - unterschiedliche **mittlere Ortszeiten** (15° Längenunterschied = 1 h).

***Beispiel:***

- Wenn die **mittlere Sonne** den Meridian **60° E** passiert, dann ist es für **alle Orte** auf diesem Meridian **Mittag** oder **12⁰⁰ Uhr MOZ / LMT !**
- Für Orte auf dem Meridian **15° E** - Längenunterschied ***(DLo)*** zu 60° E = 45° = 3 h - ist es zum gleichen Zeitpunkt **09⁰⁰ Uhr MOZ/LMT !**
- Orte auf **75° W** - z. B. New York - haben zu diesem Zeitpunkt eine mittlere Ortszeit von **03⁰⁰ Uhr MOZ/LMT,** da der Längenunterschied zu 60° E **135° ( = 9 h)** beträgt.

3.4.2 Die koordinierte Weltzeit = UTC (engl.: **U**niversal **T**ime **C**o-ordinated = UTC)

Die koordinierte Weltzeit UTC ist die **mittlere Ortszeit** (MOZ / LMT) des Null-Meridians (Greenwich-Meridians), der auch als **Bezugsmeridian** für die Festlegung der geographischen Länge (LONG) verwendet wird.
**UTC** ist also der Zeitraum in Stunden, Minuten und Sekunden, der seit dem letzten Passieren der mittleren Sonne durch den Gegenmeridian des Null-Meridians **(180° E/W = Datumslinie)** vergangen ist.

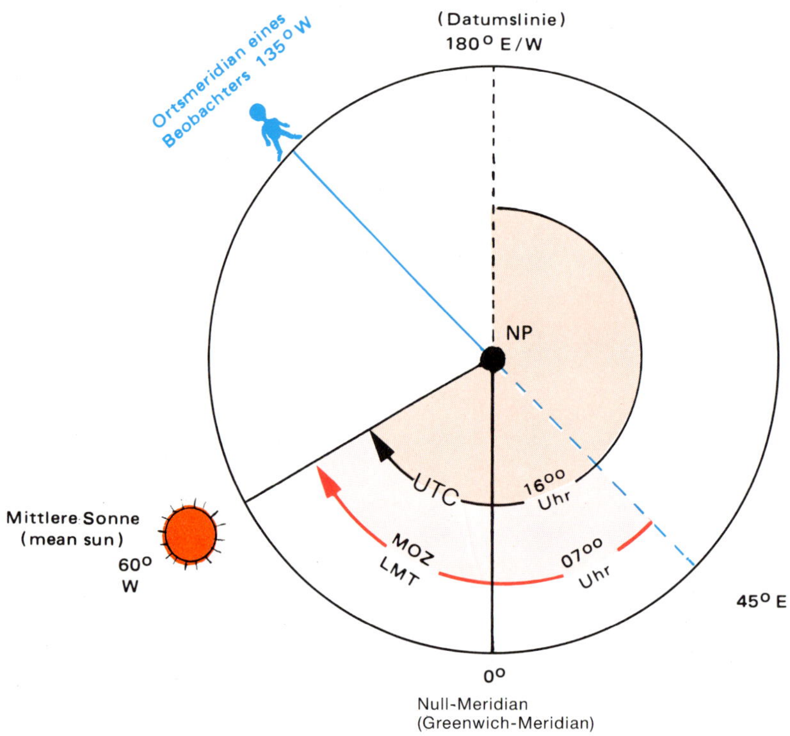


Abb. 34 Die koordinierte Weltzeit = UTC (engl.: Universal Time Co-ordinated = UTC)

- Die koordinierte Weltzeit (UTC) **weicht** von der mittleren Ortszeit (MOZ/LMT) eines bestimmten Ortes **um den Betrag des Längenunterschiedes im Zeitmaß** zwischen dem **Null-Meridian** und dem **Ortsmeridian ab!** (Siehe Beispiel in Abb. 34)
- Um **06.00 UTC** passiert die mittlere Sonne den Meridian **90° E**, um **12.00 UTC** (Mittag auf dem Null-Meridian) den **Null-Meridian** und um **24.00 Uhr UTC** (Ende des Tages auf dem Null-Meridian) oder um **00.00 Uhr UTC** (Anfang des neuen Tages auf dem Null-Meridian) geht sie genau durch den **Gegenmeridian** des Null-Meridians **(180° E/W; Datumslinie)!**

> *Merke: Die koordinierte Weltzeit (UTC) wird in der Luftfahrt und in anderen internationalen Diensten (z. B. Wetterdienst) auf der ganzen Erde als Bezugszeit angewandt!*

Sie wird deshalb auch als *'Welt-Standard-Zeit' (engl.: World Standard Time)* bezeichnet.

*Umrechnungsformeln MOZ/UTC und UTC/MOZ:*

- *MOZ = UTC + östliche (– westliche) Länge im Zeitmaß*

  ***Beispiel:*** **(siehe Abb. 34)**

  UTC = $16^{00}$ Uhr
  MOZ $135^{o}$ W = ?
  ***MOZ = $16^{00}$ Uhr – 9 h (= $135^{o}$) = $07^{00}$ Uhr***

- ***UTC = MOZ – östliche (+ westliche) Länge im Zeitmaß***

  ***Beispiel:*** **(siehe Abb. 34)**

  MOZ $135^{o}$ W = $07^{00}$ Uhr
  UTC = ?
  ***UTC = $07^{00}$ Uhr + 9 h (= $135^{o}$) = $16^{00}$ Uhr***

### 3.4.3 Die gesetzliche Zeit oder Normalzeit (engl.: **S**tandard **T**ime = ST)

Fast jeder Staat hat für sein Hoheitsgebiet eine gesetzliche Zeit (Normalzeit) für das bürgerliche Leben vorgeschrieben, die auf einem bestimmten Meridian basiert (normalerweise das Vielfache von $15^{o}$ = 1 h).
Ist das Staatsgebiet sehr groß (z.B. USA, UdSSR), so können auch mehrere gesetzliche Zeiten vorgeschrieben sein.
In den meisten mitteleuropäischen Staaten gilt die **mittlere Ortszeit (MOZ)** des Meridians **$15^{o}$ E** als **gesetzliche Zeit** oder **Normalzeit**.
Auch die Bundesrepublik Deutschland hat diese sogenannte

- *mitteleuropäische Zeit = MEZ (engl.: Central European Time = CET)*

als **gesetzliche Zeit** eingeführt. Sie ist der koordinierten Weltzeit (UTC) um **eine Stunde** voraus und entspricht nur auf dem Meridian 15° E der genauen mittleren Ortszeit (MOZ/LMT).

Während der gesetzlichen **mitteleuropäischen Sommerzeit** beträgt der **Unterschied zwei Stunden (MEZ – 2 h = UTC)!**

### 3.4.4 Die Zonenzeit (engl.: Zone Time = ZT)

Die ***Zonenzeit (ZT)*** ist die mittlere Ortszeit (MOZ/LMT) des mittleren Meridians einer bestimmten Zeitzone.

Zonenzeiten werden vor allem in der Seefahrt auf hoher See angewendet, wobei jedes Schiff innerhalb einer bestimmten Zeitzone die Zeit des mittleren Meridians der Zone benutzt.

Die Erde wurde zu diesem Zweck in ***24 Zeitzonen*** zu ***je 15° geographischer Länge (= 1 h)*** eingeteilt. Der mittlere Meridian jeder Zeitzone entspricht immer einem Vielfachen von 15° geopgraphischer Länge, so daß die Zeit einer Zeitzone immer um volle Stunden von der ***koordinierten Weltzeit (UTC)*** abweicht.

Die **Zeitzone,** die sich **von 7 1/2° E bis 7 1/2° W** (mittlerer Meridian ist der Null-Meridian) **erstreckt, wird mit *0 (Null)*** oder dem Buchstaben ***Z (Zulu)*** bezeichnet (Zulu steht für **Zero = 0).**

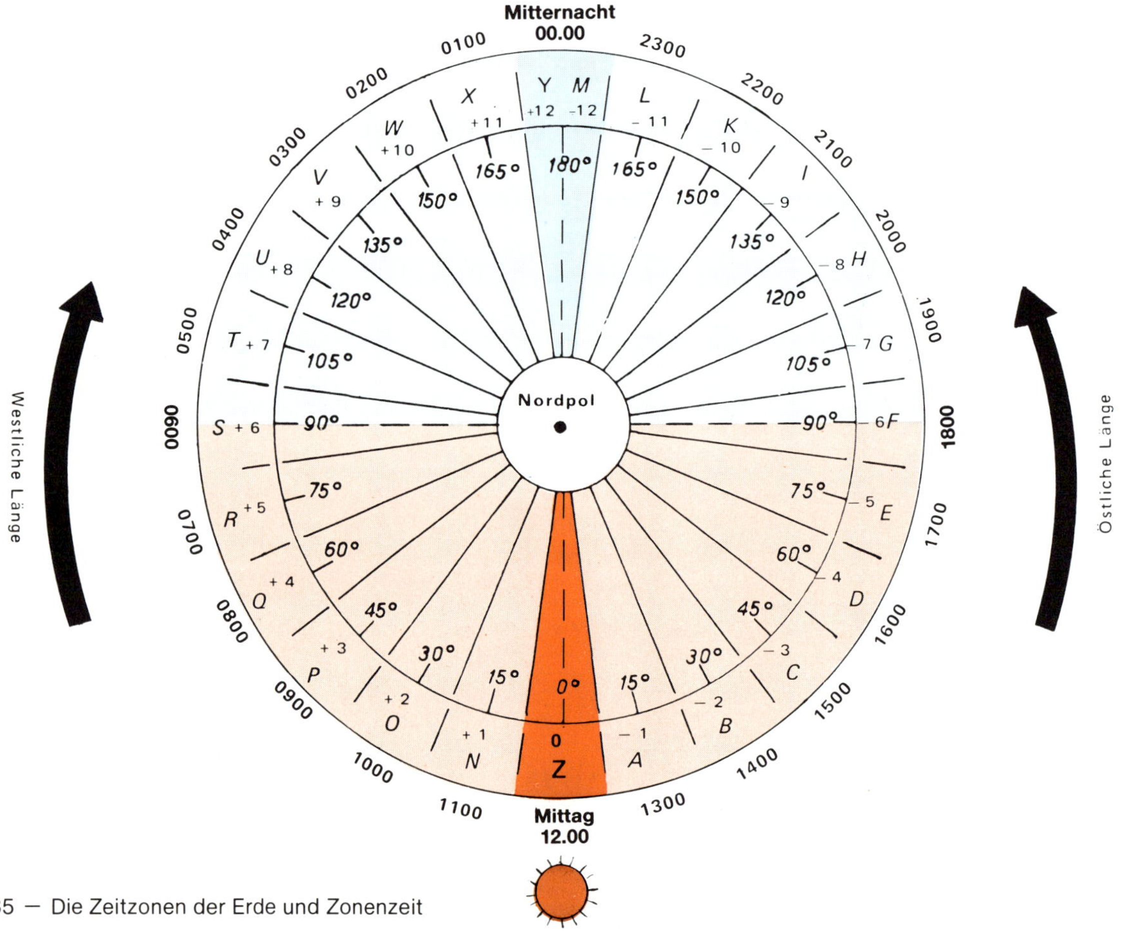


Abb. 35 — Die Zeitzonen der Erde und Zonenzeit

**Zeitzonen**, deren mittlerer Meridian **östliche Länge** hat, werden mit dem Vorzeichen **— (Minus)** und einer Zonenzahl oder einem Zonenbuchstaben (z. B. **—1** oder A, **—2** oder B) versehen.
**Westliche Zeitzonen** (westliche Länge) werden mit dem Vorzeichen **+ (Plus)** und einer Zonenzahl oder einem Zonenbuchstaben bezeichnet (z. B. **+ 1** oder **N**, **+ 2** oder **O** = Oscar).

> *Merke: Die Zonenzahlen brauchen nur entsprechend ihres Vorzeichens (+ oder –) zur Zonenzeit hinzugezogen oder von ihr abgezogen zu werden und man erhält die koordinierte Weltzeit (UTC)!*

## 3.5 Sonnenauf- und Sonnenuntergang, Dämmerung und Nacht

### 3.5.1 Sonnenauf- und Sonnenuntergang (engl.: **S**unrise = SR und **S**unset = SS)

Sonnenaufgang (SR) und Sonnenuntergang (SS) ist der Zeitpunkt, zu dem der obere Rand der Sonne genau mit dem sichtbaren Horizont in mittlerer Seehöhe (NN / MSL) zusammenfällt.

### 3.5.2 Die Dämmerung (engl.: Twilight)

Unter dem Begriff 'Dämmerung' versteht man einen gewissen Zeitraum vor Sonnenaufgang (SR) oder nach Sonnenuntergang (SS), während dem die Sonne nicht zu tief unter dem Horizont steht, so daß ein Teil der Sonnenstrahlung von der oberen Atmosphäre so reflektiert wird, daß die Erdoberfläche davon indirekt beleuchtet wird.
Wir müssen zwischen drei Dämmerungsarten unterscheiden:

- ***Bürgerliche Dämmerung (engl.: civil twilight)*** beginnt und endet, wenn die Sonne 6 Grad unter dem Horizont steht.
  Bei der bürgerlichen Dämmerung sind die Lichtverhältnisse noch so gut, daß man Geländepunkte erkennen kann aber auch schon helle Sterne am Himmel sieht.

- ***Nautische Dämmerung*** beginnt und endet, wenn die Sonne 12 Grad unter dem Horizont steht.

- ***Astronomische Dämmerung*** beginnt und endet, wenn die Sonne 18 Grad unter dem Horizont steht.

In der Luftfahrt interessiert uns nur die **bürgerliche Dämmerung** (engl.: civil twilight), bei der Geländepunkte noch ausreichend zu erkennen sind. Die Dauer der bürgerlichen Dämmerung ist von der Jahreszeit und der geographischen Breite (LAT) abhängig. In unseren Breiten dauert sie durchschnittlich **40 Minuten.**

### 3.5.3 Die Nacht (engl.: Night)

In der Bundesrepublik Deutschland gilt für die Luftfahrt der Zeitraum

- ***zwischen 30 Minuten nach Sonnenuntergang (SS + 30) und 30 Minuten vor Sonnenaufgang (SR − 30) als Nacht!***
  **(Siehe AIP, RAC 1 - 1 und LuftVO, § 33)**

Die genauen Sonnenauf- und Sonnenuntergangszeiten (SR / SS - Zeiten) können bei jeder Luftaufsichts-Stelle auf Landeplätzen und bei jeder Flugverkehrskontrollstelle auf Verkehrsflughäfen über Funk erfragt werden.

## 4.0 Karten für die Luftfahrt

In der Flugnavigation sind Karten ein sehr wichtiges Hilfsmittel zur Lösung von Navigationsaufgaben. Eine Luftfahrtkarte ist die Darstellung eines Teils der - gekrümmten (!) - Erdoberfläche mit ihrer Bebauung und Geländedarstellung auf einer Ebene in einer Form, die den besonderen Anforderungen der Luftfahrt gerecht wird.

Fast jedes Flugnavigationsverfahren erfordert eine spezielle Luftfahrtkartenart, die den Besonderheiten des Verfahrens entgegenkommt.

So benötigt man z. B. für die **Sichtnavigation** (terrestrische Navigation) eine Karte, die möglichst viele topographische Angaben zur genauen und übersichtlichen Darstellung eines bestimmten Gebiets enthält (**Luftfahrtkarte ICAO 1 : 500.000**).

Für funknavigatorische Zwecke gibt es die sogenannte ***Streckenkarte*** (engl.: **Enroute Chart**) im Maßstab **1:1.000.000**, die genaue Angaben über Standorte und Frequenzen von Funknavigationsanlagen, Flugverkehrsstrecken, Lufträume usw. enthält. Diese Karte zeigt uns jedoch nur einige wenige wichtige topographische Merkmale der Erdoberfläche (z. B. Küstenlinien, Flugplätze usw.).

Da die Erdoberfläche aufgrund der Kugelgestalt der Erde gekrümmt ist, bereitet ihre Darstellung auf einem ebenen Kartenblatt einige Schwierigkeiten. So ist es unmöglich, auch nur einen Teil der Kugeloberfläche vollkommen fehlerfrei auf einer ebenen Fläche wiederzugeben.

Die Methode der Übertragung von Teilen der Erdoberfläche auf Kartenblätter - also auf eine ebene Fläche - wird ***'Projektion'*** oder auch ***'Netzentwurf'*** genannt. Man unterscheidet dabei zwischen ***perspektivischen Projektionen***, bei denen das Gradnetz von einem bestimmten Projektionspunkt aus optisch (perspektivisch) auf die Ebene - also das Kartenblatt - übertragen wird und ***nichtperspektivischen Netzentwürfen***, die rein mathematisch entstehen. Auch die zuletzt genannten mathematischen Entwürfe werden häufig als Projektionen bezeichnet.

## 4.1 Anforderungen an Luftfahrtkarten

### 4.1.1 Der Maßstab (engl.: Scale)

Der ***Maßstab*** einer Kartenprojektion ist das Verhältnis einer bestimmten Distanz auf der Karte zur entsprechenden Distanz auf der Erdoberfläche. Auf Luftfahrtkarten wird der Maßstab (Scale) mit einer

- ***Verhältniszahl (z.B. 1 : 500.000)***
  und / oder durch einen
- ***Längenmaßstab (km, NM, ML)***

angegeben. Die Verhältniszahl ist meist am oberen Rand und der Längenmaßstab am unteren Rand der Karte zu finden.

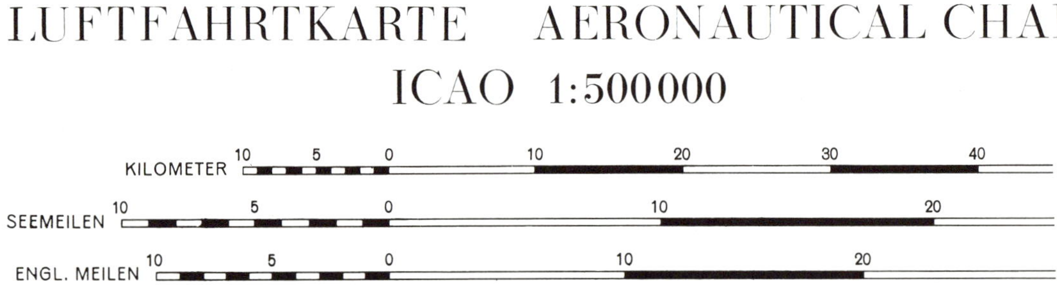


Abb. 36 Maßstabangabe auf der Luftfahrtkarte ICAO 1 : 500 000

*Merke:* *Die Maßstabangabe 1 : 500.000 (Verhältniszahl) bedeutet:*

- ***1 Zentimeter auf der Karte entspricht***
- ***500.000 Zentimetern oder 5 Kilometern auf der Erdoberfläche (5 km = 2,7 NM)!***

Von einer Luftfahrtkarte wird verlangt, daß sie über den gesamten Kartenbereich hinweg maßstabstreu ist.

**Karten** haben

- einen **'kleinen Maßstab'**, wenn auf einem kleinen Teil der Karte ein relativ **großes Gebiet** der Erdoberfläche klein und ohne Einzelheiten dargestellt wird (z. B. 1 : 1.000.000)

  und

- einen **'großen Maßstab'**, wenn auf einem relativ großen Kartenausschnitt nur ein **kleines Gebiet** der Erdoberfläche groß und ausführlich dargestellt wird (z. B. 1 : 200.000).

Das ***Gradnetz der Erde*** ist die Basis für den Aufbau einer Karte. Die Ausmaße des Gradnetzes werden durch den Kartenmaßstab festgelegt. Erinnern wir uns noch einmal:

- Auf allen Großkreisen - also auch auf den Meridianen (und dem Äquator) ist

  ***1° = 60 NM*** oder ***1' = 1 NM!***

Auf einer maßstabtreuen Karte können wir deshalb die **Meridiane (Längenkreise)** mit ihrer Grad- und Minutenunterteilung jederzeit als **Längenmaßstab für NM** (nautical mile / Seemeile) benutzen (siehe Abb. 37):

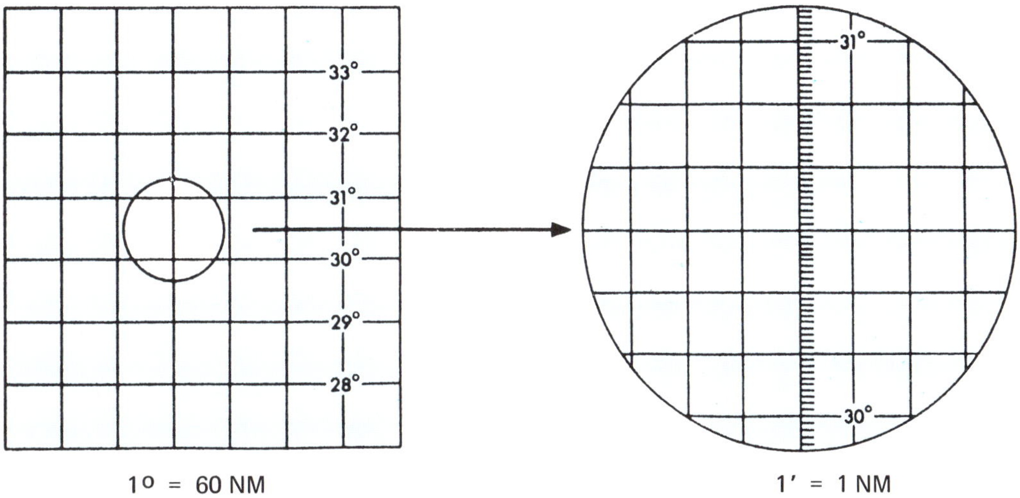


**Abb. 37 Die Meridiane (Längenkreise) als Längenmaßstab für NM (nautical miles / Seemeilen)**

## 4.1.2 Form- und Winkeltreue (engl.: Conformity)

Eine Karte ist form- und winkeltreu (engl.: conformal), wenn

- ***der Maßstab über den gesamten Kartenbereich gleichbleibend (konstant) ist***

  und

- ***Winkel auf der Erdoberfläche - z.B. zwischen Meridianen und Breitenkreisen - mit denen auf der Karte übereinstimmen!***

Die **Gestalt** von Gebieten (Flächen) und Richtungen (Winkel) auf der Erdoberfläche werden auf ***form- und winkeltreuen Karten (engl.: conformal charts)*** richtig dargestellt.

FORMTREUE  WINKELTREUE

**Abb. 38 Form- und Winkeltreue**

Die **'ideale Luftfahrtkarte'** sollte **form- und winkeltreu (conformal)** sein, damit Kurse (Winkel) und Entfernungen **fehlerfrei** für navigatorische Zwecke aus ihr entnommen werden können.

Diese Eigenschaften können nur erreicht werden, wenn der Maßstab der Karte entlang der Meridiane (Längenkreise) genau dem Maßstab entlang der Breitenkreise entspricht.

***Merke: Es ist unmöglich, auch nur einen Teil der Kugeloberfläche der Erde vollkommen maßstabstreu (längentreu) auf einem ebenen Kartenblatt abzuwickeln!***

Dieses **Idealziel** kann nur bei der Darstellung von relativ kleinen Gebieten der Erdoberfläche auf Karten annähernd verwirklicht werden.

## 4.1.3 Die ideale Karte

Eine 'ideale' Karte, deren Herstellung aber leider nicht möglich ist, müßte folgende Eigenschaften erfüllen:

- ***Der Maßstab sollte über den*** gesamten ***Bereich der Karte gleichbleibend (konstant) sein!***

Erfüllt eine Karte diese Forderung, dann ist sie längen- oder maßstabstreu. Längen- oder Maßstabstreue (engl.: constancy of scale) einer Karte ist in der Navigation für genaue Entfernungsmessungen unerläßlich.

- ***Die Karte sollte form- und winkeltreu (engl.: conformal) sein!***

Form- und Winkeltreue einer Karte ermöglicht genaue Kurs- oder Richtungsbestimmungen.

Da der ***Großkreis (Orthodrome)*** die kürzeste Verbindungslinie zwischen zwei Punkten auf der Erdoberfläche ist, sollte er auf unserer 'idealen' Karte als

- ***gerade Linie***

erscheinen. Desweiteren wäre es erstrebenswert, daß die ***Kursgleiche (Loxodrome)*** als Linie gleichbleibender Richtung auf der 'perfekten' Karte ebenfalls als ***gerade Linie*** erscheint!

Eine Karte, die **alle** der obengenannten **Forderungen erfüllt**, kann nicht entworfen werden. Man kann aber die Kugeloberfläche der Erde - oder besser, Teile davon - so auf eine Ebene projizieren (lat.: auf einer Fläche darstellen), daß mindestens eine der Eigenschaften gegeben ist. Geht man dabei einen Kompromiß ein, so ist es sogar möglich Karten zu schaffen, die **annähernd längen- und winkeltreu (conformal)** sind und auf denen eine der beiden navigatorisch wichtigen Richtungen - entweder der Großkreis (Orthodrome) oder die Kursgleiche (Loxodrome) - als gerade Linie erscheint.

## 4.2 Gebräuchliche Projektionsarten für Luftfahrtkarten

Bevor wir uns mit den für Luftfahrtkarten gebräuchlichen Projektionsarten befassen, muß noch einmal ganz besonders betont werden, daß die gekrümmte Erdoberfläche mit ihren Einzelheiten in keinem Fall **fehlerfrei** auf einer Ebene dargestellt werden kann.

Jede Kartenherstellung beginnt damit, daß die gedachten Linien des Gradnetzes der Erde - also die Meridiane und Breitenkreise - auf eine Ebene projiziert werden. Der gewählte **Kartenmaßstab** bestimmt die Ausmaße des Gradnetzes, das als 'Gerüst' für den Aufbau der Karte herangezogen wird.
Ist das 'Gerüst' erstellt, dann werden die Einzelheiten der Erdoberfläche - soweit es der Maßstab erlaubt - entsprechend ihrer geographischen Lage (Breite und Länge) in das entworfene Gradnetz eingezeichnet.

Für **Luftfahrtkarten** hat die **ICAO** (**I**nternational **C**ivil **A**viation **O**rganisation) eine **spezielle Art** der sogenannten

- ***Kegelprojektionen (engl.: conical projections) oder 'Projektionen auf einem Kegelmantel'*** **(siehe 4.2.1!)**

als 'Standard-Projektion' ausgewählt, die sich besonders gut zur Herstellung von Karten für die ***terrestrische Navigation (Sichtnavigation)*** eignet; sie kommt gleichfalls aber auch in der Koppel-, Funk- und Astronavigation zur Anwendung. Es handelt sich um die sogenannte

- ***LAMBERT'sche winkeltreue Schnittkegelprojektion mit zwei längentreuen Bezugsbreitenkreisen (engl.: conical orthomorphic projection with two standard parallels; USA: LAMBERT conformal conic projection)*** **- siehe 4.2.1.1;**

Mit ihrer Hilfe werden heute fast alle bedeutenden Luftfahrtkarten hergestellt.
Sie ist aufgrund ihrer hervorragenden Eigenschaften - Winkeltreue, annähernde Längen- oder Maßstabstreue usw. - von der ICAO als 'Standard-Projektion' für Luftfahrtkarten vorgeschlagen worden.

Wir werden uns deshalb nur mit dieser Projektionsart im Unterabschnitt 4.2.1 'Kegelprojektionen' ausführlich beschäftigen!

Andere in der Navigation zur Anwendung kommende Projektionsarten sind

- ***Zylinderprojektionen (engl.: cylindrical projections) oder 'Projektionen auf einem Zylindermantel'*** **(siehe 4.2.2)**
  und
- ***Azimutprojektionen (engl.: azimuthal or zenithal projections) oder 'Projektionen auf eine Ebene'*** **(siehe 4.2.3)**

Diese letztgenannten Projektionsarten interessieren uns nur am Rande, weil sie fast ausschließlich der Herstellung von Navigationskarten für die Seefahrt (Zylinderprojektion 'MERCATOR') dienen. In der Luftfahrt werden sie nur für besondere Zwecke, z.B. Großkreis- (Langstrecken-) Navigation oder für die Navigation über Polargebieten (Azimutal-Projektionen) verwendet.

### 4.2.1 Kegelprojektionen

Der **Kegelmantel** kann heute als die Grundlage der meisten Kartenprojektionen betrachtet werden. Fast alle Luftfahrtkarten der neueren Zeit **basieren** auf **dieser Projektionsart.**

Eine Kegelprojektion muß man sich als Projektion (Abbildung) des Gradnetzes der Erde auf einen Kegelmantel vorstellen, der nach der Projektion aufgeschnitten und in der Ebene abgewickelt wird. Kegelprojektionen werden in der Regel mathematisch erstellt, obwohl einfache Projektionen dieser Art auch rein perspektivisch entworfen werden können.

Grundsätzlich müssen wir zwischen einer **einfachen Kegelprojektion**, die

- ***Berührungskegelprojektion (engl.: tangent cone projection)***

genannt wird, und der sogenannten

- ***Schnittkegelprojektion (engl.: secant cone projection)***

unterscheiden.

Bei der Berührungskegelprojektion **berührt** der über die Erdkugel gestülpte **Kegelmantel** die Erdoberfläche an irgend**einem Breitenkreis**, der als

- ***Bezugsbreitenkreis (engl.: standard parallel)***

bezeichnet wird.

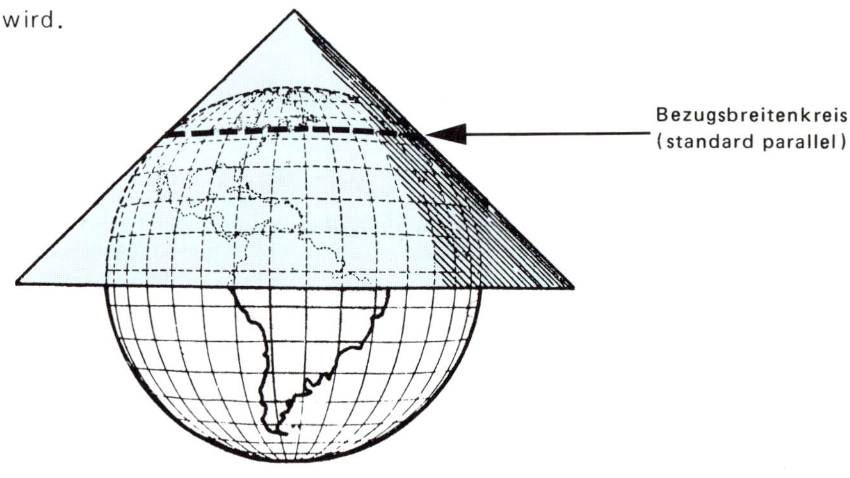


Abb. 39 Die Berührungskegelprojektion mit einem Bezugsbreitenkreis

Die ***Schnittkegelprojektion*** unterscheidet sich vom Berührungskegelprinzip dadurch, daß der über die Erdkugel gestülpte Kegelmantel die Erdoberfläche nicht nur irgendwo **einmal** berührt, sondern er schneidet sie an

- ***zwei Bezugsbreitenkreisen (engl.: two standard parallels).***

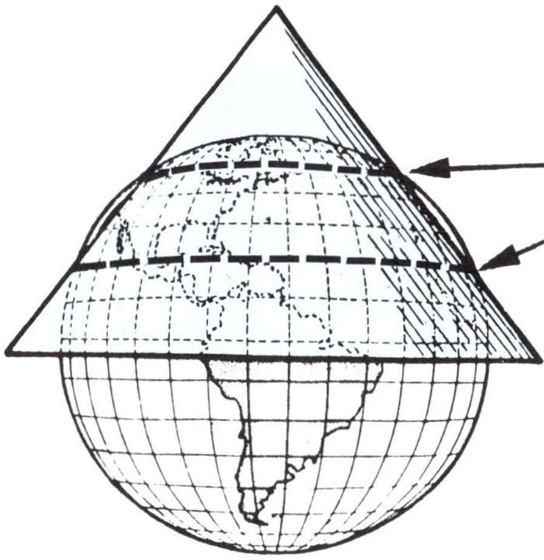


Abb. 40 Die Schnittkegelprojektion mit zwei Bezugsbreitenkreisen

Die Spitze des Kegelmantels (Kegels) wird bei allen gebräuchlichen Projektionen genau über einem der Erdpole plaziert (Nordpol / Nordhalbkugel, Südpol / Südhalbkugel). Danach wird das Gradnetz auf den über die Kugel gestülpten Kegelmantel projiziert und zwar entsprechend der - dem Maßstab der Karte gemäßen - Verkleinerung der Erdkugel. Dies kann mathematisch oder perspektivisch geschehen. Die eigentliche Karte erhält man aber erst, indem man den Kegelmantel entlang irgendeines Meridians (Längenkreis) aufschneidet und dann in der Ebene abwickelt.

- Wenn diese Kegelprojektion als ***Berührungsprojektion*** (tangent cone projection) entlang irgend**eines Breitenkreises** ***(Bezugsbreitenkreis, engl.: standard parallel)*** gemacht wird, so entspricht die **Länge dieses Breitenkreises** (standard parallel) auf der Karte genau der Länge dieses Breitenkreises auf der - dem Maßstab entsprechend - verkleinerten Erdkugel. Eine solche

  - ***Berührungsprojektion ist nur entlang des Bezugsbreitenkreises genau längen- oder maßstabtreu !***

Die Längen- oder Maßstabstreue nimmt mit zunehmender Entfernung vom Bezugsbreitenkreis immer mehr ab, weil die Verzerrung immer größer wird. (am Bezugsbreitenkreis ist sie gleich Null!)

- Bei der ***Schnittkegelprojektion*** (secant cone projection) erreicht man eine für die Praxis **brauchbare Längen- oder Maßstabstreue** (constancy of scale) über einen größeren Bereich - nämlich **zwischen den beiden Bezugsbreitenkreisen** (standard parallels)!

***Merke: An den beiden Bezugsbreitenkreisen ist eine Schnittkegelkarte genau längen- oder maßstabstreu !***

Zwischen den Bezugsbreitenkreisen tritt nur eine geringe Verzerrung ( unter 1% !) auf, so daß wir für diesen Bereich sagen können:

- ***Die Schnittkegelkarte ist zwischen ihren Bezugsbreitenkreisen annähernd längen- oder maßstabstreu !***

Die ***winkeltreue Schnittkegelprojektion von LAMBERT*** mit zwei längentreuen Bezugsbreitenkreisen hat diese Eigenschaften. Aus diesem Grunde wurde sie von der ICAO als

- ***'Standard - Projektion' für Luftfahrtkarten***

vorgeschrieben.

#### 4.2.1.1 Die winkeltreue Schnittkegelprojektion von LAMBERT mit zwei längentreuen Bezugsbreitenkreisen

Wie schon bekannt, besteht das Prinzip der LAMBERT'schen ***winkeltreuen Schnittkegelprojektion (engl.: LAMBERT's conical orthomorphic projection with two standard parallels; USA: LAMBERT conformal conic projection)*** darin, daß ein Kegel über die verkleinerte Erdkugel gestülpt wird, der die Kugel an zwei ausgesuchten Bezugsbreitenkreisen schneidet.

Da das Gebiet zwischen den beiden Bezugsbreitenkreisen etwas 'zusammengezogen' werden muß, verkleinert sich der Maßstab hier geringfügig.

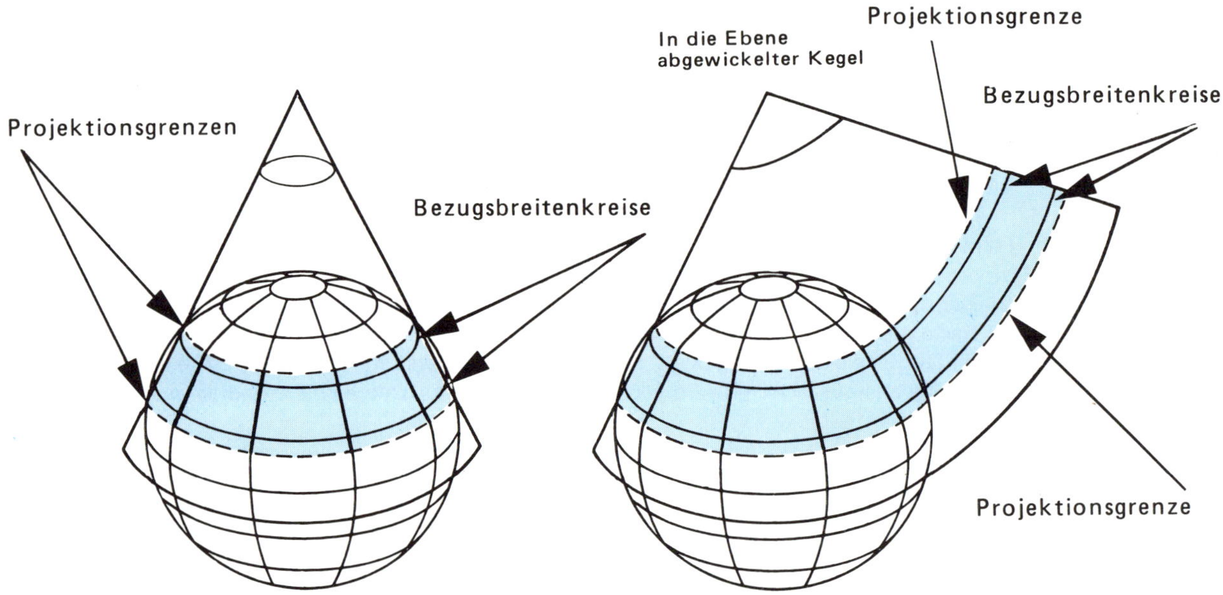


Abb. 41 Die winkeltreue Schnittkegelprojektion von LAMBERT mit zwei längentreuen Bezugsbreitenkreisen (standard parallels)

Über die beiden Bezugsbreitenkreise hinaus tritt eine Verzerrung auf und der Maßstab vergrößert sich. Die folgende Abbildung zeigt die - zwischen den Bezugsbreitenkreisen (standard parallels) sehr geringe! - Maßstababweichung auf einer LAMBERT-Schnittkegelkarte.

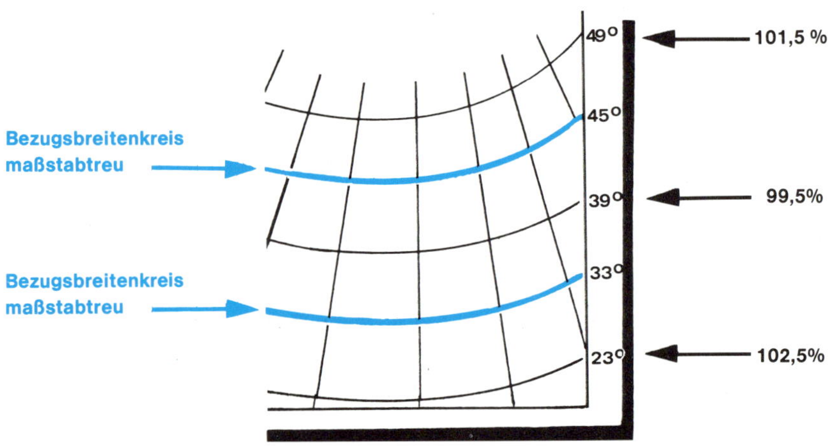


Abb. 42 Maßstababweichung auf der LAMBERT - Schnittkegelkarte

Im Bereich der beiden Bezugsbreitenkreise ist der **Maßstab** genau.

- ***Für praktische Navigationszwecke kann der Maßstab auf der gesamten Karte als annähernd gleichbleibend (konstant) betrachtet werden. Die Karte ist also etwa längentreu!***

Das **Gradnetz der Erde** erscheint auf der LAMBERT - Schnittkegelkarte so :

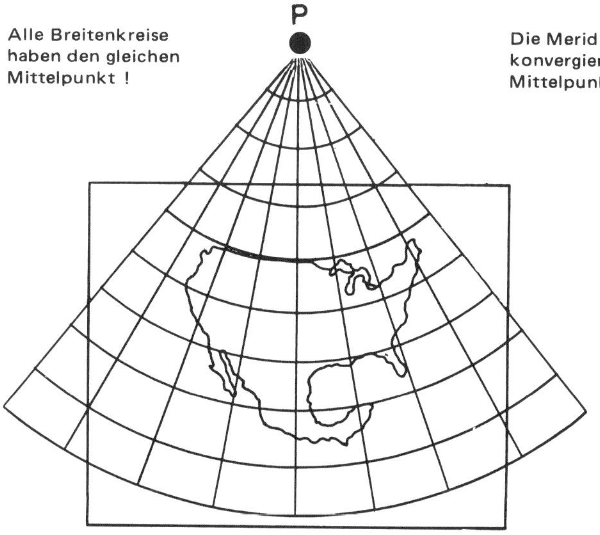


Abb. 43 Das Gradnetz der Erde auf der LAMBERT - Schnittkegelkarte

- ***Die Breitenkreise (parallels of latitude) erscheinen als konzentrische Kreise mit fast gleichem Abstand zueinander!***

Die **Breitenkreise** sind äquatorwärts gekrümmt und haben ihren **Mittelpunkt** an der über dem Pol stehenden Kegelspitze.

- ***Die Meridiane (Längenkreise ; meridians) erscheinen als gerade Linien, die zur Kegelspitze oder zum Pol hin zusammenlaufen (konvergieren)!***

Alle **Meridiane** schneiden die Breitenkreise - wie auf der Erdkugel - unter einem Winkel von $90^{\circ}$. Die LAMBERT - Schnittkegelkarte ist aus diesem Grunde winkeltreu !

***Zusammengefasste Eigenschaften der LAMBERT - Schnittkegelkarte:***

- ***Die Projektion ist annähernd (etwa) längentreu!***
- ***Die Flächenverzerrung ist sehr gering. Folglich ist die Karte annähernd formtreu!***
- ***Die Karte ist winkeltreu!***

Die navigatorisch wichtigen Linien (Richtungen) Großkreis (Orthodrome) und Kursgleiche (Loxodrome) zeigen sich auf der LAMBERT - Schnittkegelkarte so :

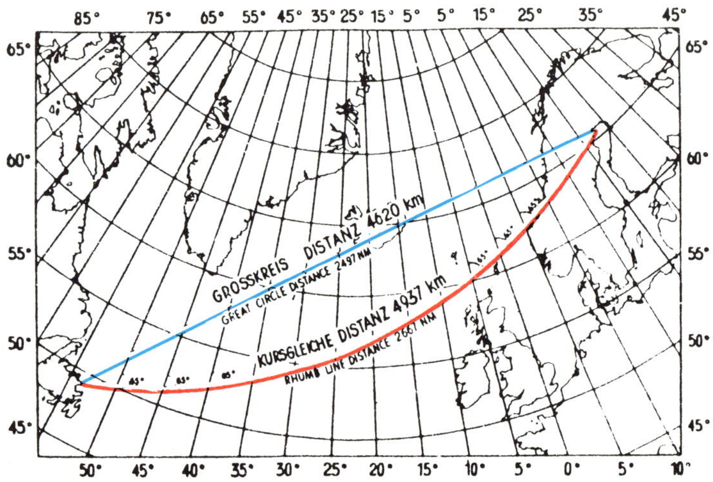


Winkeltreue Schnittkegel-Projektion

(Lambert'sche Projektion)

Großkreisentfernung:
2497 NM (blau)

Kursgleiche (Entfernung)
2667 NM (rot)

Abb. 44 Großkreis (Orthodrome) und Kursgleiche (Loxodrome) auf der LAMBERT-Schnittkegelkarte

- ***Jeder Großkreis erscheint auf der LAMBERT-Schnittkegelkarte als fast gerade Linie!***
- ***Die Kursgleiche verläuft als äquatorwärts gekrümmte Linie!***

- Anwendung der LAMBERT-Schnittkegelkarte in der Luftfahrt: Wegen der hervorragenden Eigenschaften dieser Projektionsart werden - wie schon gesagt - heute fast alle gebräuchlichen Luftfahrtkarten für die Sicht-, Koppel- und Funknavigation nach diesem Verfahren hergestellt. Hier jetzt einige Beispiele dazu:

- Weltluftfahrtkarte ICAO 1 : 1.000.000
  (**W**orld **A**eronautical **C**hart = WAC)
- Luftfahrtkarten ICAO 1 : 500.000
  (Aeronautical Charts)
- Streckenkarten 1 : 1.000.000
  (Enroute Charts)
- Arbeitskarten (Plotting Charts)
  1 : 500.000 bis 1 : 1.000.000

Siehe hierzu auch 4.4 'Arten von Luftfahrtkarten und Kartensymbole'!

## 4.2.2 Zylinderprojektionen (engl.: Cylindrical Projections)

Bei den sogenannten ***Zylinderprojektionen*** wird das Gradnetz der Erde auf einen Zylinder projiziert, der die - dem Maßstab der Karte entsprechend - verkleinerte Erdkugel in einem Großkreis - normalerweise am Äquator - berührt.

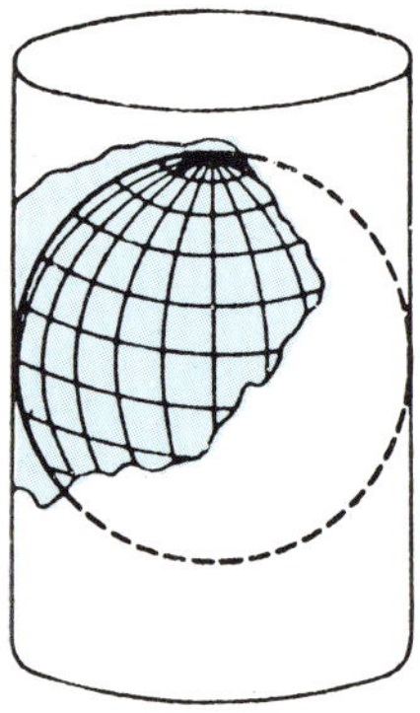

In der Navigation - vorwiegend in der Seefahrt - spielt nur eine modifizierte Zylinderprojektion, nämlich die Mercator-Projektion, eine wesentliche Rolle. Sie wurde nach ihrem Erfinder, dem niederländischen Geographen und Kartographen Gerhardus Mercator (eigentlich Gerhard Kremer) benannt, der von 1512 bis 1594 in Flandern und Deutschland (Duisburg) lebte und als Begründer der modernen Kartographie gilt. Die MERCATOR - PROJEKTION bildet heute noch die Grundlage für die Herstellung von Seefahrtkarten.

Abb. 45 Einfache Zylinderprojektion

In der Luftfahrt wurden MERCATOR - Karten in früheren Jahren häufig als Arbeitskarten (plotting charts) für die Koppelnavigation (dead reckoning navigation) verwendet. Solche Karten werden aber heute auch - von wenigen Ausnahmen abgesehen - nach dem LAMBERT - Schnittkegelverfahren hergestellt **(siehe 4.4 'Arten von Luftfahrtkarten').**

4.2.2.1 Die MERCATOR - Projektion

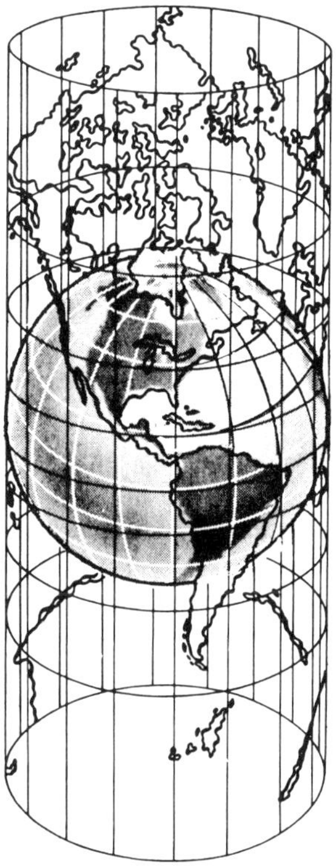

Das Prinzip der MERCATOR - Projektion besteht darin, daß das **Gradnetz der Erde** auf einen Zylinder projiziert wird, der die Erdkugel am Äquator berührt.
Projektionspunkt ist der Erdmittelpunkt.

**Abb. 46**

**Die MERCATOR - Projektion**

Die MERCATOR - Projektion ist jedoch keine perspektivische Projektion, da der **Abstand der Breitenkreise** (parallels of latitude) **mathematisch bestimmt** wird. Die Meridiane (Längenkreise) hingegen kann man sich als perspektivisch projizierte Linien mit gleichem Abstand voneinander vorstellen.

- Das Gradnetz der Erde erscheint auf der MERCATOR - Karte als ein NETZ gerader Linien, die einander rechtwinklig schneiden. Die Meridiane haben überall den gleichen Abstand voneinander, während sich der Abstand der Breitenkreise mit zunehmender geographischer Breite (LAT) vergrößert!

Diese seltsame Form des Gradnetzes auf der MERCATOR - Karte stimmt natürlich nicht mit dem wirklichen Gradnetz der Erde überein. Auf der Erde laufen die Meridiane zum Pol hin zusammen (sie konvergieren zum Pol hin). Erinnern wir uns noch einmal an die 'Abweitung' (2.1.1.2): **Ein Grad Längenunterschied** entspricht am Äquator genau **60 NM** (nautical miles/Seemeilen). In **60° N** oder **S**) beträgt der Abstand zwischen zwei aufeinanderfolgenden Meridianen **(** = **1° Längenunterschied)** nur noch **30 NM** (1 x cos LAT).

Auf der MERCATOR - Karte haben die **Meridiane** jedoch in **allen Breiten** den **gleichen Abstand** voneinander. Das hat zur Folge, daß sich der **Maßstab** auf dieser Karte **in Ost - West Richtung** mit zunehmender geographischer Breite (LAT) **vergrößert.**

● *In 60° N oder S ist der M a ß s t a b auf einer MERCATOR - Karte d o p p e l t so g r o ß wie am Ä q u a t o r* $\left( \frac{1}{\cos LAT} \right)$

Deshalb hat MERCATOR die A b s t ä n d e der B r e i t e n k r e i s e - sie haben ja auf der Erdkugel alle den gleichen Abstand voneinander ! - auf seiner Karte i m g l e i c h e n V e r h ä l t n i s auseinandergezogen ( vergrößert ).

$$\frac{1}{\cos LAT} = \sec LAT$$

*cos LAT = Cosinus der geographischen Breite ( LAT )*
*sec = Secans ( Umkehrwert des Cosinus )*

● ***Der Abstand der Breitenkreise v e r g r ö ß e r t sich auf einer MERCATOR - Karte mit zunehmender geographischer Breite. In 60° N oder S ist er schon d o p p e l t so g r o ß wie am Äquator !***

Die nebenstehende Abbildung zeigt die navigatorisch w i c h t i g e n L i n i e n ( Richtungen ) Großkreis/Orthodrome und Kursgleiche/Loxodrome wie folgt :

● ***Der G r o ß k r e i s verläuft auf der MERCATOR - Karte als polwärts g e k r ü m m t e L i n i e !***

● ***Die K u r s g l e i c h e erscheint bei dieser Projektionsart als g e r a d e L i n i e***

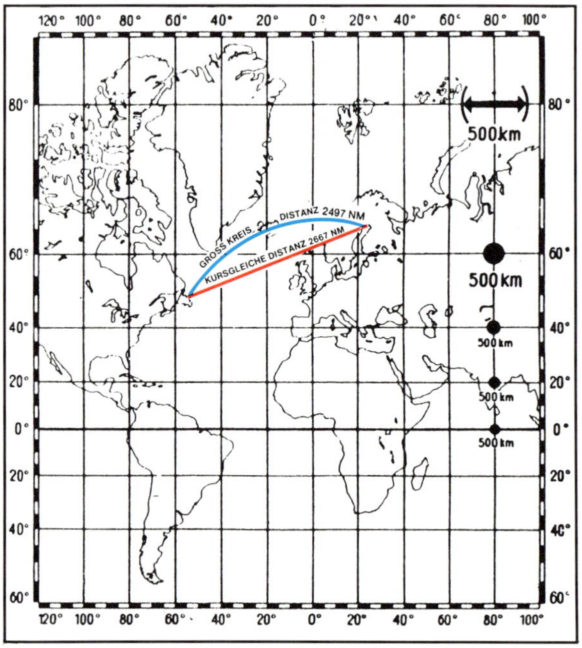


**Abb. 47 Das Gradnetz der MERCATOR - Karte mit Maßstabsänderung und Darstellung des Großkreises und der Kursgleichen**

**Entfernungen : Großkreis (blau) 2497 NM**
**Kursgleiche (rot) 2667 NM**

Wegen der starken F l ä c h e n v e r z e r r u n g in höheren Breiten können Polargebiete mit der MERCATOR - Projektion n i c h t dargestellt werden.

● **A n w e n d u n g von MERCATOR - Karten** in der Navigation

In der S e e f a h r t ist die MERCATOR - Karte trotz ihres 'hohen Alters' noch heute die H a u p t - n a v i g a t i o n s k a r t e. Sie wird hier vor allem für die Koppel - und Astro - Navigation auf hoher See verwendet.

Auf dem Luftfahrtkartensektor wurde die MERCATOR-Karte (die - wie schon erwähnt - in früheren Jahren als Arbeitskarte für die Koppel- und Astro - Navigation beliebt war) inzwischen fast vollständig durch die winkeltreue Schnittkegelprojektion von LAMBERT mit ihren hervorragenden Eigenschaften verdrängt.

Einen Vergleich zwischen der

***LAMBERT - Schnittkegelkarte*** und der ***MERCATOR - Karte***

zeigt die Eigenschaftsgegenüberstellung auf der folgenden Seite !

| Projektionsmerkmale<br>Characteristics | Lamberts winkeltreue Projektion<br>Lambert Conformal | Mercator - Projektion<br>Mercator Projection |
|---|---|---|
| Entwurfsdarstellung | siehe Abbildung 1 | siehe Abbildung 3 |
| Projektions (Augen -) Punkt | Erdmittelpunkt | Erdmittelpunkt |
| Bild des Netzes | siehe Abbildung 2 | siehe Abbildung 4 |
| Breitenparallele | konzentrische Kreise<br>fast abstandsgleich | parallele gerade Linien<br>in ungleichen Abständen |
| Meridiane | gradlinig, am Pol konvergierend | parallele gerade Linien<br>in gleichen Abständen |
| Winkel zwischen Breiten - parallelen und Meridianen | $90^{\circ}$ | $90^{\circ}$ |
| Gerade Linien schneiden die Meridiane | unter verschiedenen Winkeln<br>als angenäherte Großkreise | unter gleichem Winkel<br>(Kursgleiche) |
| Großkreise (Orthodrome) | annähernd gradlinig | polwärts gekrümmte Linie |
| Kursgleiche (Loxodrome) | äquatorwärts gekrümmte Linie | gerade Linie |
| Längentreue | etwa längentreu | nur an der Mittelbreite |
| Winkeltreue | winkeltreu | winkeltreu |
| Flächenverzerrung | sehr gering | mit der Entfernung vom<br>Äquator zunehmend |
| Navigationsgebrauch | bei allen Navigationsverfahren<br>verwendbar | Koppel - und Astro - Navigation |

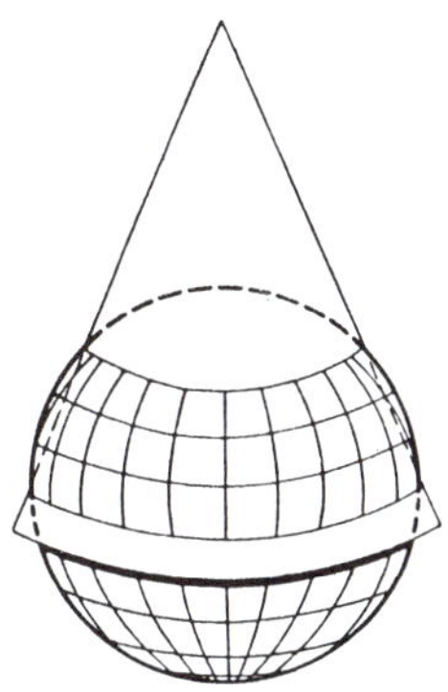

Abb. 1

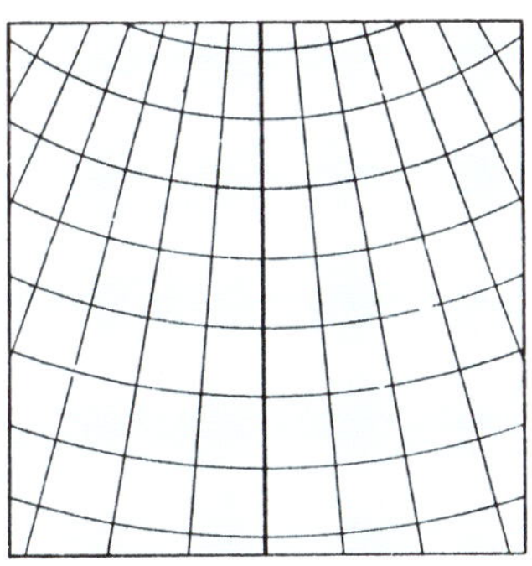

Abb. 2

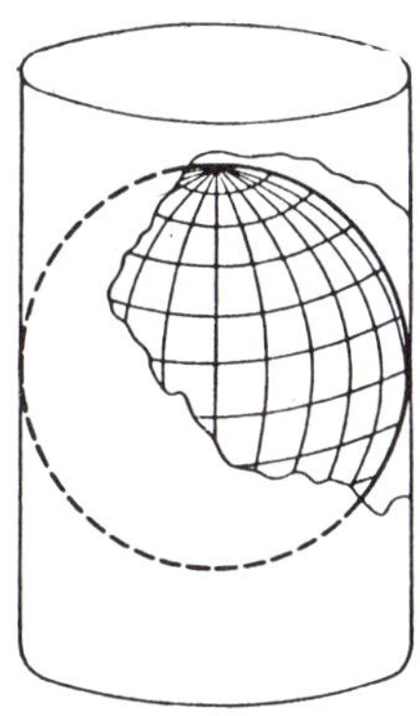

Abb. 3

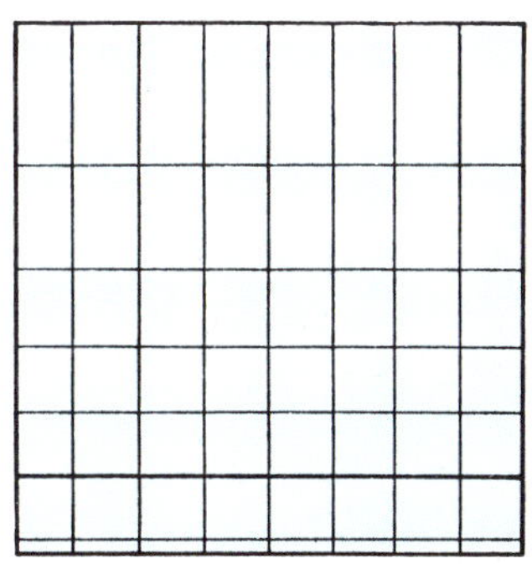

Abb. 4

Abb. 48 Gegenüberstellung von Eigenschaften der Schnittkegel - und Mercator-Karte

## 4.2.3 Azimutal-Projektionen (engl.: zenithal or azimuthal projection)

Projiziert man das Gradnetz der Erde auf eine ebene Fläche, die die Erdkugel an irgendeinem **Punkt** berührt (Berührungspunkt), so handelt es sich um eine **Azimutalprojektion**.

Die Projektionsebene wird **Tangentialebene** genannt und berührt die Erdkugel entweder

- an einem der Erdpole - ***(polständige Projektion)***
- an irgendeinem Punkt auf dem Äquator - ***(äquatorständige Projektion)***
- an einem beliebigen Punkt zwischen dem Äquator und einem der beiden Pole ***(zwischenständige Projektion)***

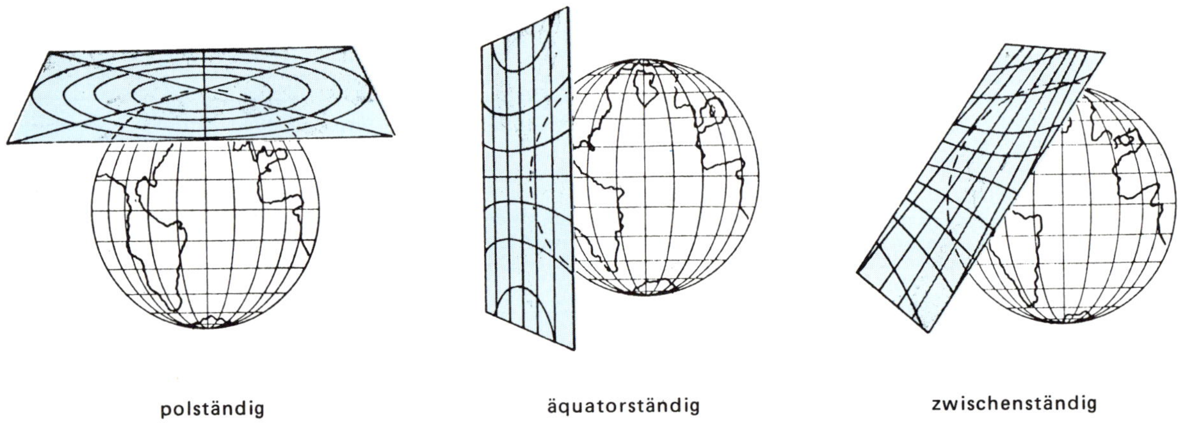


Abb. 49 Azimutal Projektionen

Das Gradnetz der Erde kann für Navigationskarten auf zwei Arten auf die Tangential- (Berührungsebene) perspektivisch übertragen werden:

1. Liegt der ***Projektionspunkt*** von dem aus das Gradnetz auf die Berührungsebene projiziert wird, im ***Erdmittelpunkt***, so spricht man von einer
   - ***gnomonischen Projektion (engl.: gnomonic projection)***

2. Wird das Gradnetz der Erde von einem ***Projektionspunkt*** aus auf die Berührungsfläche projiziert, der dem ***Berührungspunkt*** auf der Erdkugel genau ***(diametral) gegenüberliegt***, so handelt es sich um eine sogenannte
   - ***stereographische Projektion (engl.: stereographic projection)***

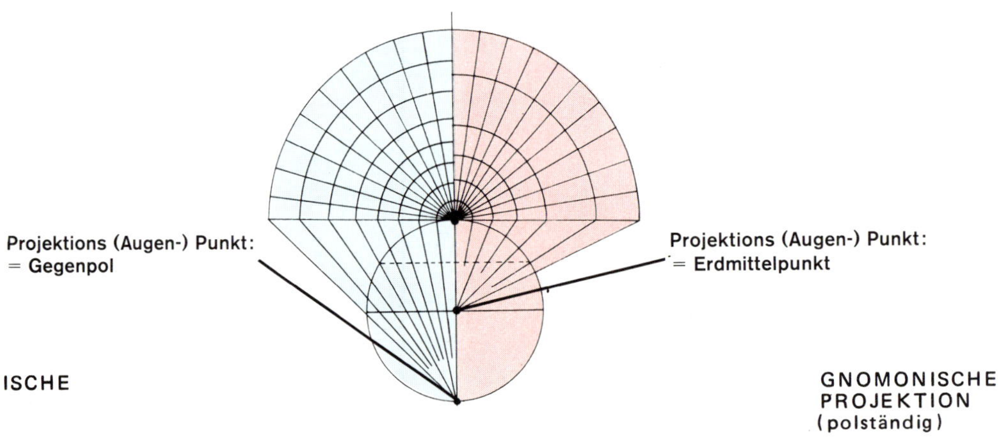


Abb. 50 Stereographische und gnomonische Projektionen (polständig)

Diese beiden **Azimutal - Projektionsarten** (stereographische und gnomonische Projektion) mit ihren V a r i a n t e n (polständig, äquatorständig oder zwischenständig) interessieren u n s nur am Rande, weil sie ausschließlich zur Herstellung von Navigationskarten für die G r o ß k r e i s - oder L a n g - s t r e c k e n - F u n k n a v i g a t i o n (gnomonische Projektionen) und von Karten für die Navigation über Polargebieten (stereographische Projektionen) verwendet werden.

Der folgenden Tabelle können Sie die wichtigsten Daten der gebräuchlichsten Azimutalprojektionen entnehmen:

| Projektionsmerkmale<br>Characteristics | Polarstereographische Projektion<br>Polarstereographic | Gnomonische Projektion<br>Gnomonic (zwischenständig) |
|---|---|---|
| Entwurfsdarstellung | siehe Abbildung 1 | siehe Abbildung 3 |
| Projektions (Augen -) Punkt | Gegenpol | Erdmittelpunkt |
| Bild des Netzes | siehe Abbildung 2 | siehe Abbildung 4 |
| Breitenparallele | konzentrische Kreise mit verschiedenen Abständen | nichtkonzentrische Kreise, nur am Mittelmeridian abstandsgleich |
| Meridiane | gerade, am Pol radial konvergierende Linien | gradlinig, am Pol konvergierend |
| Winkel zwischen Breiten - parallelen und Meridianen | 90° | verschieden |
| Gerade Linien schneiden die Meridiane | unter verschiedenen Winkeln als angenäherte Großkreise | unter verschiedenen Winkeln |
| Großkreise (Orthodrome) | annähernd gradlinig | gradlinig |
| Kursgleiche (Loxodrome) | gekrümmte Linie | gekrümmte Linie |
| Längentreue | etwa längentreu | nimmt mit Entfernung vom Tangentialpunkt ab |
| Winkeltreue | winkeltreu | nicht winkeltreu |
| Flächenverzerrung | mit Entfernung vom Pol zunehmend | mit der Entfernung vom Tangentialpunkt zunehmend |
| Navigationsgebrauch | Polarnavigation, alle Verfahren | Langstrecken - Funknavigation, astronomische Navigation |

Abb. 51 Übersichtstabelle (Gegenüberstellung der Eigenschaften) Azimutal - Projektionen

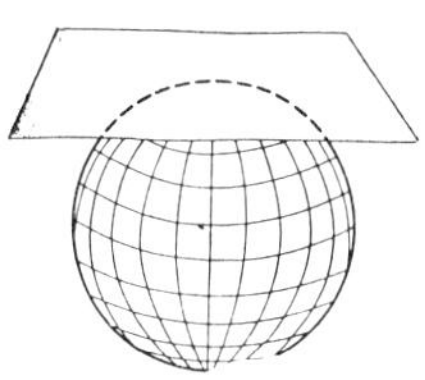
Abb. 1

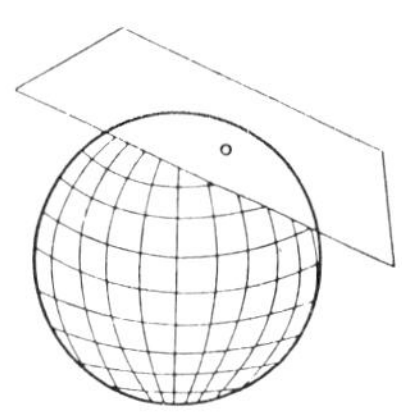
Abb. 3

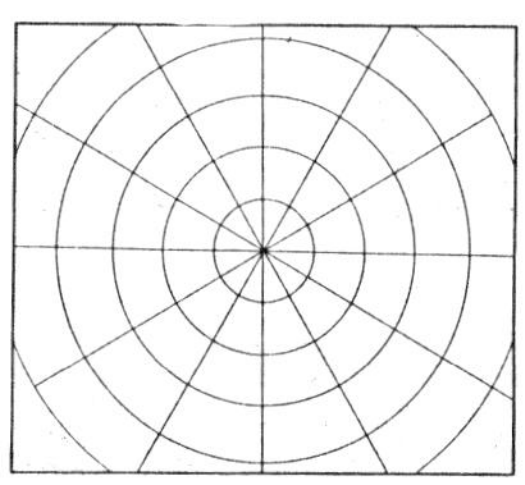
Abb. 2

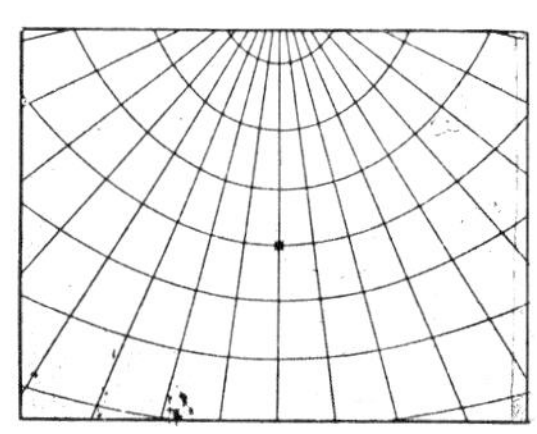
Abb. 4

## 4.3 Entnahme von Kursen und Entfernungen aus den gebräuchlichen Luftfahrtkarten (LAMBERT)

### 4.3.1 Die Entnahme von **Kursen** aus der LAMBERT – Schnittkegelkarte (z. B. Luftfahrtkarte 1 : 500.000, ICAO)

Jede gerade Linie auf der LAMBERT-Schnittkegelkarte ist annähernd ein Stück eines Großkreises (Orthodrome). Da die Meridiane auf der LAMBERT-Karte zum Pol hin zusammenlaufen (konvergieren), schneidet eine solche gerade Linie aufeinanderfolgende Meridiane unter verschiedenen Winkeln (**siehe Abb. 52**). Der Winkel zwischen der geraden Linie und den Meridianen ändert sich jeweils um den Betrag der Meridiankonvergenz.
Die annähernd genaue **Richtung** der Kursgleichen (Loxodrome) zwischen zwei Orten können wir auf der LAMBERT-Karte nur **ermitteln**, indem wir den **Winkel**, den die **Gerade** mit dem **Mittelmeridian (engl.: mid-meridian)** zwischen Abflugort und Zielort bildet, **mit einem Kursdreieck** oder einem Kurslineal (engl.:plotter) **genau ausmessen.**

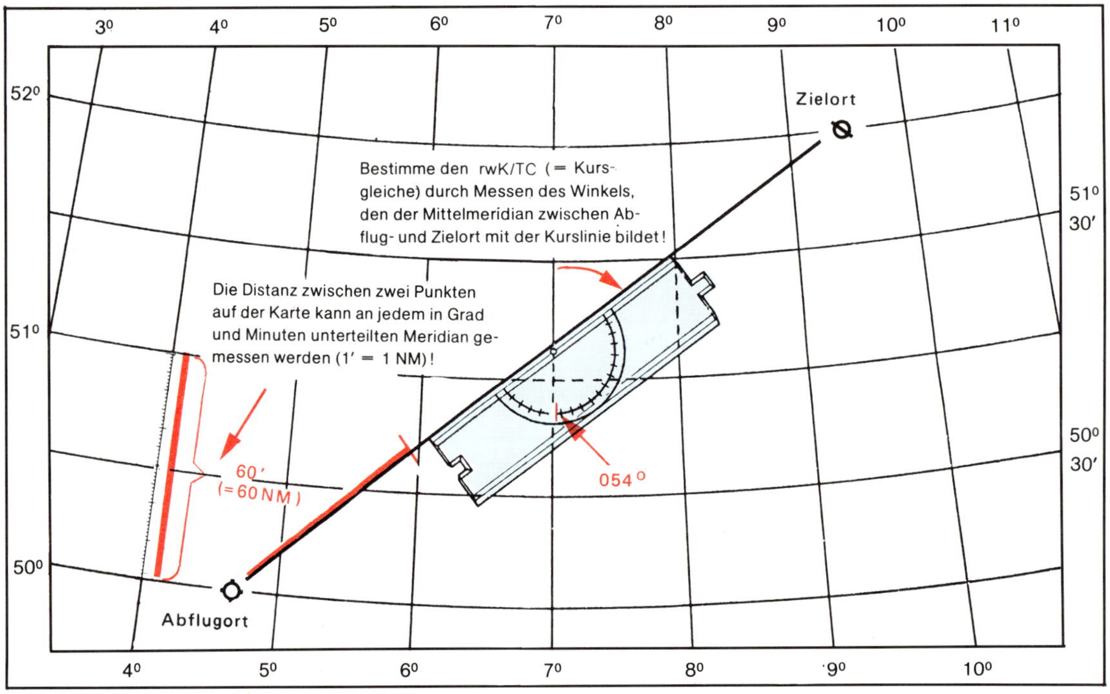


Abb. 52 — Kurs- und Entfernungsbestimmung auf LAMBERT- Schnittkegelkarten

Am **Mittelmeridian** (Meridian der mittleren Länge) zwischen zwei Orten

- ***bilden Kursgleiche (Loxodrome) und die gerade Linie (Großkreis/Orthodrome), die den Abflugort mit dem Zielort verbindet, den gleichen Winkel!***

In Wirklichkeit fliegt man dann aber nicht auf der geraden Kurslinie (Großkreis), die auf der Karte eingezeichnet ist, sondern das Flugzeug folgt der Kursgleichen zwischen Abflug- und Zielort, die auf jeder LAMBERT-Karte als äquatorwärts gekrümmte Linie (Kurve) erscheint. Vergleiche hierzu **Abb. 44, Seite 56.**

Auf kürzeren Strecken - in der Praxis bis zu 1000 NM (ca. 1850 km) - ist der Unterschied zwischen der geraden Kurslinie (annähernder Großkreis) auf der Karte und der Kursgleichen so gering, daß wir der Einfachheit halber immer die Kursgleiche fliegen.

***Merke: Die Richtung der Kursgleichen - also der Linie gleichbleibenden Kurses! - wird auf allen LAMBERT-Schnittkegelkarten am Mittelmeridian (Meridian der mittleren Länge) zwischen Abflugort und Zielort gemessen!***

## 4.3.2 Die Entnahme von **Entfernungen** aus der LAMBERT-Schnittkegelkarte (z.B. Luftfahrtkarte 1:500.000, ICAO)

Der Maßstab einer LAMBERT-Karte kann für praktische Navigationszwecke als - über den gesamten Kartenbereich - gleichbleibend (konstant) angesehen werden. Diese Eigenschaft der Karte macht es möglich, daß man die in Grade (°) und Minuten (') unterteilten Meridiane (Längenkreise) als **Entfernungsmaß für NM** (Seemeilen/nautical miles) verwenden kann **(siehe Abb. 52)**.

***Merke: Entfernungen können auf LAMBERT-Karten an jeder Stelle eines in Grad (°) und Minuten (') unterteilten Meridians (Längenkreises) in NM gemessen werden!***

Natürlich können wir auch den Längenmaßstab (NM, ML, km) am unteren Rand der Luftfahrtkarte ICAO 1:500.000 für Entfernungsbestimmungen benutzen. Genaue Entfernungsmessungen sind nur mit einem Stechzirkel möglich, der zur Navigationsausrüstung eines jeden Flugzeugführers gehören sollte.

## 4.4 Arten von Luftfahrtkarten und Kartensymbole

### 4.4.1 Die Weltluftfahrtkarte ICAO 1 : 1.000.000 (World Aeronautical Chart = WAC)

Die **ICAO** hat - vor allem für Zwecke der Sichtnavigation - eine sogenannte ***Weltluftfahrtkarte*** im Maßstab 1 : 1.000.000 herstellen lassen, die als 'Grundkartenwerk' gilt und die ganze Erde erfasst. Das Gebiet der Bundesrepublik wird auf zwei Kartenblättern (Nord- und Südblatt) dargestellt.

Verwendete Projektionsarten:

- *Bis 80° N/S :* LAMBERTsche winkeltreue Schnittkegelprojektion
- *Zwischen 80° u. 90° N/S :* Stereographische Polarprojektion

### 4.4.2 Für die Bundesrepublik Deutschland verfügbare Luftfahrtkarten (Auszug für Flüge nach Sichtflugregeln in Verbindung mit Funknavigation)

#### 4.4.2.1 Karten für die Flugnavigation

- **Luftfahrtkarte - ICAO 1:500.000**

Dieses 11-farbige Kartenwerk in winkeltreuer Schnittkegelprojektion nach Lambert besteht aus 8 Blättern und umfasst das Gebiet von 47° N bis 55° N und von 6° O bis 15° Ost. Die längentreuen Breitenkreise sind 44° und 48° sowie 50° und 54° Nord.

Der **Karteninhalt** umfaßt in der Grundkarte: Siedlungsbild, Verkehrswege, Gewässernetz, Geländedarstellung (mittels Höhenlinien, Schummerung und Höhepunkten) und Grenzen sowie besondere Landschaftsmerkmale.

Der **dreifarbige Flugsicherungsaufdruck** (blau, rot und grün) enthält folgende Angaben:

Luftraumstruktur, VFR-Meldepunkte, Flugplätze, Segelfluggelände, Gelände für Hängegleiter und Ultraleichtflugzeuge, Fallschirmabsprunggelände und Freiballonstartplätze, Funknavigationsanlagen mit Namen, Frequenz und Kennung im Morsealphabet, Luftraumbeschränkungen, ausgewählte Luftfahrthindernisse, Luftfahrtfeuer, Isogonen, Tieffluggebiete und Schutzzonen für Flugplätze gegenüber militärischem Tiefflug usw.

Am **Kartenrand** sind allgemeine Informationen, FIS-, ATIS- und VOLMET-Informationen sowie der Schnittplan der Gesamtkarte zu finden.

Die **Rückseite** der Kartenblätter enthält eine Zeichenerklärung des Karteninhalts sowie Informationen für den VFR-Flieger (Boden- und Lichtsignale, Sichtflugregeln und ausführliche Erklärungen zur Luftraumklassifizierung usw.).

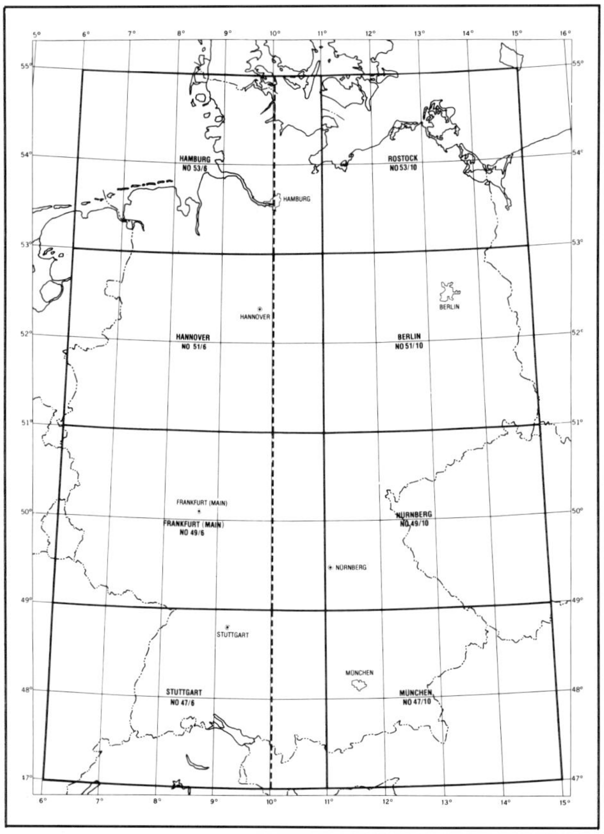


Abb. 53 – Schnittplan für das Kartenwerk ICAO 1 : 500.000 Bundesrepublik Deutschland

- **Streckenkarte (Funknavigation) 1 : 1.000.000**

Dieses 4-farbige Kartenwerk in Maßstab 1 : 1.000.000 umfasst für das Gebiet der Bundesrepublik Deutschland folgende Angaben:

Netz, Grenzen, Isogonen und Flugplätze in Grau; Luftraumstruktur einschließlich Flugverkehrsstrecken, Funknavigationsanlagen und Luftraumbeschränkungen in Blau; Nachttiefflugstrecken in Grün; FIS-Sektoren in Rot.

Die vertikale Gliederung des kontrollierten Luftraums ist durch rote, blaue und grüne Flächenfarben besonders gekennzeichnet.

## 4.4.2.2 Sichtanflug- und Landekarten

Im Luftfahrthandbuch (AIP VFR) werden für alle Flugplätze Sichtanflug- und Landekarten veröffentlicht. Sichtanflug- und Landekarten dienen auch zur Darstellung der Flugverfahren für VFR-Flüge gemäß § 27a LuftVO sowie zur Darstellung der Regelungen des Flugplatzverkehrs gemäß § 21 a LuftVO.

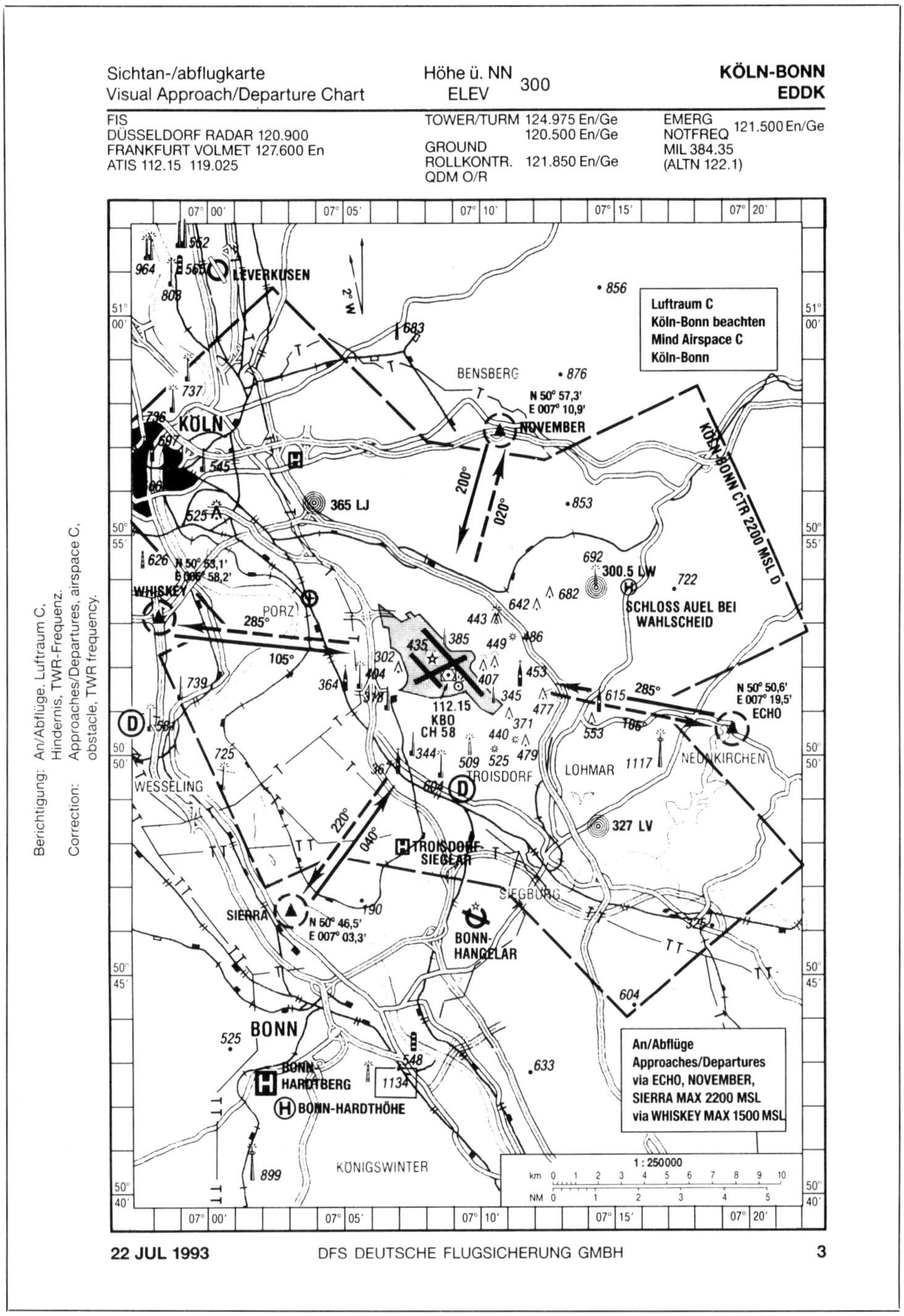


(alte Karte, nur für Übungszwecke geeignet!)

Abb. 54 Sichtanflugkarte (Visual Approach Chart) - etwa 75 % der Originalgröße in AIP VFR

## 4.4.2.3 Flugplatzkarten - ICAO (Aerodrome Charts)

Flugplatzkarten der deutschen internationalen Verkehrsflughäfen, die den Richtlinien des ICAO-Anhangs 4 entsprechen, enthalten Angaben für die Orientierung der Luftfahrzeugbesatzungen beim Rollvorgang sowie bezüglich der Abfertigungseinrichtungen. Soweit es zur übersichtlichen Darstellung der Abfertigungs- und Abstellplätze usw. erforderlich ist, werden die Flugplatzkarten durch großmaßstäbliche Spezialkarten ergänzt. Flugplatzkarten sind Teil des Luftfahrthandbuchs (AIP VFR).

**Flugplatzkarte**
**Aerodrome Chart**

**KÖLN–BONN**
**EDDK**

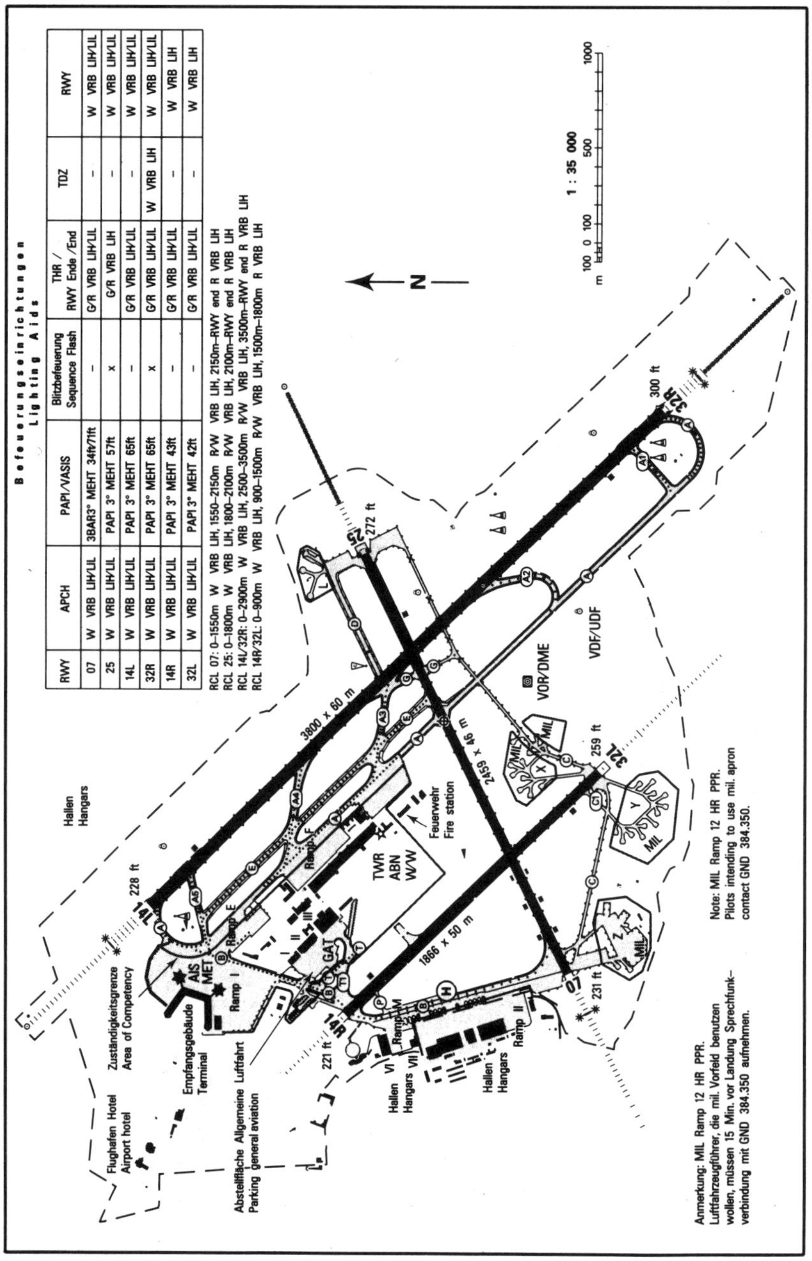


Befeuerungseinrichtungen / Lighting Aids

| RWY | APCH | PAPI/VASIS | Blitzbefeuerung Sequence Flash | THR / RWY Ende /End | TDZ | RWY |
|---|---|---|---|---|---|---|
| 07 | W VRB LIH/LIL | 3BAR3° MEHT 34ft/71ft | – | G/R VRB LIH/LIL | – | W VRB LIH/LIL |
| 25 | W VRB LIH/LIL | PAPI 3° MEHT 57ft | x | G/R VRB LIH | – | W VRB LIH/LIL |
| 14L | W VRB LIH/LIL | PAPI 3° MEHT 65ft | – | G/R VRB LIH/LIL | – | W VRB LIH/LIL |
| 32R | W VRB LIH/LIL | PAPI 3° MEHT 65ft | x | G/R VRB LIH/LIL | W VRB LIH | W VRB LIH/LIL |
| 14R | W VRB LIH/LIL | PAPI 3° MEHT 43ft | – | G/R VRB LIH/LIL | – | W VRB LIH |
| 32L | W VRB LIH/LIL | PAPI 3° MEHT 42ft | – | G/R VRB LIH/LIL | – | W VRB LIH |

RCL 07: 0–1550m W VRB LIH, 1550–2150m R/W VRB LIH, 2150m–RWY end R VRB LIH
RCL 25: 0–1800m W VRB LIH, 1800–2100m R/W VRB LIH, 2100m–RWY end R VRB LIH
RCL 14L/32R: 0–2900m W VRB LIH, 2500–3500m R/W VRB LIH, 3500m–RWY end R VRB LIH
RCL 14R/32L: 0–900m W VRB LIH, 900–1500m R/W VRB LIH, 1500m–1800m R VRB LIH

**8 JUL 1993** DFS DEUTSCHE FLUGSICHERUNG GMBH **5**

Abb. 55 Flugplatzkarte - ICAO (Aerodrome Chart) - etwa 90 % der Originaldarstellung in AIP VFR (alte Karte, nur für Übungszwecke geeignet)

## Flugplätze — Aerodromes

- Internationaler Flughafen / International Airport
- Flughafen / Airport
- Flughafen (Zivil-/Militär-) / Airport (civil/military)
- Militärflugplatz / Military aerodrome
- Landeplatz, Ausrichtung der längsten befestigten Start- und Landebahn / Airfield, alignment of the longest hardened runway
- Landeplatz, Ausrichtung der längsten unbefestigten Start- und Landebahn
- Flugplatz geschlossen / Airfield closed
- Landeplatz (Zivil-/Militär-) / Airfield (civil/military)
- Hubschrauberlandeplatz / Heliport
- Segelfluggelände (Flugzeugschlepp/Windenschlepp) / Glider site (aero tow/winch launching)
- Ultraleichtflugbetrieb / Ultra light flying
- Hängegleitergelände / Hang Glider site
- Fallschirmabsprunggelände / Parachute jumping site
- Freiballongelände / Free balloon site

600 m — Kürzere der verfügbaren Landestrecken der längsten RWY · The shorter of the available landing dist of the longest RWY

123.00 — Verfügbare Frequenz (unterstrichen: VDF verfügbar) · Available frequency (underlined: VDF available)

## Luftraumbeschränkungen — Airspace Restrictions

- ED – R 2: Gebiet mit Flugbeschränkung / Restricted area
- ED – D 8: Gefahrengebiet / Danger area
- ED-R (TRA): Zeitweilig reservierte Lufträume / Temporary Reserved Airspace (TRA)
- Pflichtmeldepunkt für VFR-Anflüge / Compulsary reporting point for VFR approaches
- Vogelschutzgebiet / Bird Reserve

## Luftraumstruktur - Airspace Structure

- FIR: Fluginformationsgebiet / Flight information region
- C: Luftraum / Airspace **C**
- 1000 ft GND / 1700 ft GND: Luftraum / Airspace **E**
- Luftraum/Airspace **F (HX)**
- Kontrollzone Luftraum / Control Zone Airspace **D**
- ATZ: Flugplatzverkehrszone / Aerodrome traffic zone
- 250 Fuß - Tieffluggebiet / 250 feet low flying area

## Funknavigationsanlagen — Radio Navigations Facilities

- **VOR**: UKW-Drehfunkfeuer / VHF omnidirectional radio range
- **VOR / DME**: UKW-Drehfunkfeuer mit Entfernungsmeßgerät / VHF omnidirectional radio range with distance-measuring eqipment
- **VORTAC**: Örtlich vereint aufgestellte VOR- und TACAN-Anlagen / Co-located VOR and TACAN facilities
- **TACAN**: Taktische UKW-Flugnavigationsanlage / Tactical UHF navigation facility
- **NDB**: Ungerichtetes Funkfeuer / Non-directional radio beacon
- **MKR**: Markierungsfunkfeuer / Marker beacon
- Allgemeines Zeichen für Funkeinrichtungen / Basic Radio facility symbol

## Bebaute Gebiete — Built - Up Areas

BONN
Großstadt (100.000 Einwohner und mehr) · City (100.000 inhabitants and more)

HOF
Stadt (über 20.000 Einwohner und Orte unter 20.000 Einwohner)
Town (more than 20.000 inhabitants and villages with less than 20.000 inhabitants)

Neuhaus
Ortschaft (5.000 bis 20.000 Einwohner und Ortschaften unter 5.000 Einwohnern in dünn besiedelten Gebieten)
Village (5.000 to 20.000 inhabitants and villages with less than 5.000 inhabitants in sparsely populated areas)

## Eisenbahnen — Railways

Eisenbahn (eingleisig) mit Bahnhof
Railway (single track) with station

Eisenbahn (mehrgleisig) mit Bahnhof
Railway (multiple track) with station

Eisenbahn (stillgelegt oder im Bau)
Railway (abandoned / under construction)

Eisenbahnbrücke
Railway bridge

Eisenbahntunnel
Railway tunnel

Seil- oder Schwebebahnen
Aerial railway

## Straßen — Roads

Autobahn, Schnellstraße
Autobahn, highway

Autobahn im Bau
Autobahn under construction

Fernverkehrsstraße
Highway

Wichtige Verbindungsstraße
Federal road

Rennstrecke
Race track

Autobahn - Auffahrt
Autobahn entry

Straßenbrücke
Road bridge

Straßentunnel
Road tunnel

## Gewässer — Hydrography

Küstenlinie
Shore line

Watten
Tidal flats

Fluß
River

Kanal / Canal

Stillgelegter Kanal oder Kanal im Bau
Abandoned canal or canal under construction

See
Lake

Sumpf
Swamp

Fähre
Ferry

Talsperre
Dam

Staudamm
Barrage

Schleuse / Lock

Schiffshebewerk / Ship hoist

Buhne
Groyne

Mole
Mole

Landungsbrücke
Pier

## Geländedarstellung — Topography

Steile Böschung und Steilküste
Bluff, cliff or escarpment

Damm, Deich
Dike

Sanddünen
Sand dunes

• 117 — Höhenpunkt
Spot elevation

• 453 — Höchster Punkt im Kartenblatt
Highest elevation on chart

4736 — Paß
Mountain pass

Gletscher und Eiskappen
Glaciers and ice caps

## Landschaftsmerkmale — Landmarks

Aussichtsturm, Fernsehturm
Lookout tower, television tower

Bergwerk / Mine

Denkmal / Monument

Fabrik / Factory

Kirche / Church

Kloster / Monastery

Leuchtturm / Lighthouse

Ölfeld / Oilfield

Öltank / Oiltank

Ruine / Ruin

Schloß / Castle

Steinbruch / Quarry

## Grenzen — Boundaries

Staatsgrenzen
Boundaries (international)

Andere Grenzen
Other boundaries

## Verschiedenes — Miscellaneous

3° W — Linien gleicher Mißweisung
Isogonic lines

Hindernis und Hindernisgruppe (unbefeuert)
Obstruction and group of obstructions (unlighted)

Hindernis und Hindernisgruppe (befeuert)
Obstruction and group of obstructions (lighted)

Hindernis höher als 300 m GND (unbefeuert)
Obstruction higher than 300 m GND (unlighted)

Hindernis höher als 300 m GND (befeuert)
Obstruction higher than 300 m GND (lighted)

Luftfahrtbodenfeuer
Aeronautical ground light

Seilbahnen
Funiculars

## 5.0 D e r  M a g n e t k o m p a ß

Der in der Seefahrt seit vielen Jahrhunderten (ca. 600 Jahre) verwendete ***M a g n e t k o m p a ß (engl.: magnetic compass)*** gilt auch in der modernen L u f t f a h r t - selbst in den neuesten Düsenflugzeugen - als **H a u p t i n s t r u m e n t** für die **R i c h t u n g s - und K u r s h a l t u n g**. Er ist sowohl auf Schiffen als auch in Flugzeugen der e i g e n t l i c h e R i c h t u n g s w e i s e r und kommt entweder als ***Nahkompaß*** mit unmittelbarer Anzeige oder als ***Fernkompaß*** mit übertragener Anzeige zur Anwendung.

Der Aufbau eines ***Flugzeug-Magnetkompasses (Nahkompaß)*** ist recht einfach. Sein Hauptbauteil ist ein Schwimmer, auf dem eine **Kompaß-Rose** und z w e i parallel zueinander liegende **magnetische Stahlnadeln** montiert sind.

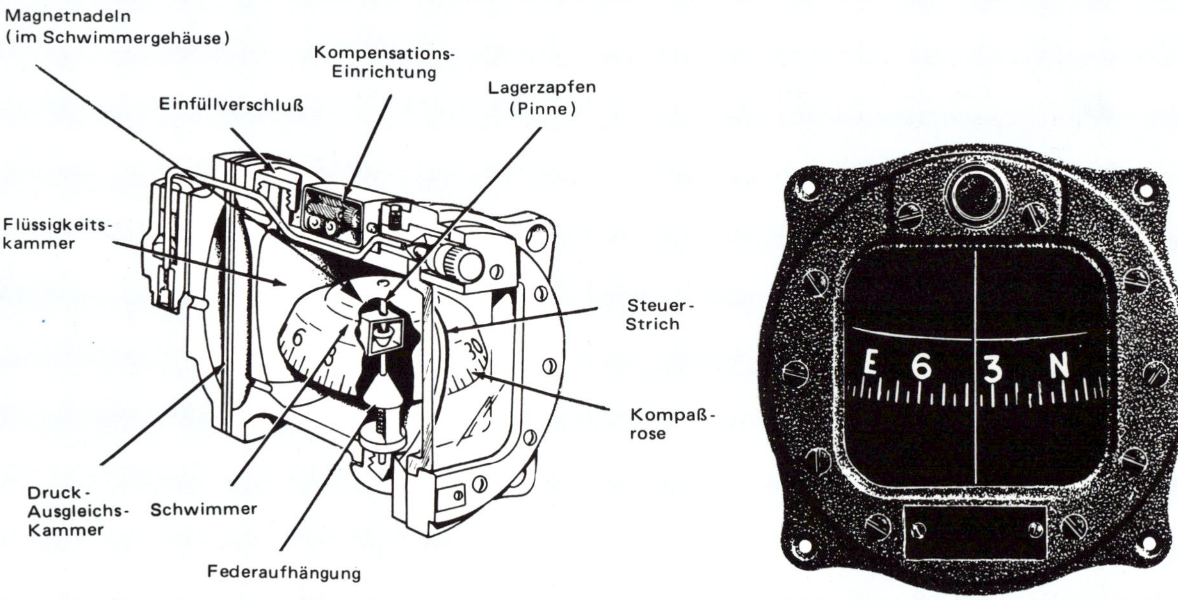


Abb. 56 Aufbau eines Flugzeug-Magnetkompasses

Die n o r d s u c h e n d e n E n d e n der beiden Magnetnadeln zeigen in die gleiche Richtung. Der S c h w i m m e r mit der K o m p a ß r o s e und den beiden Magnetnadeln ist auf einem Zapfen - *Pinne* genannt - gelagert, um den er sich f r e i d r e h e n kann. Eine F e d e r a u f h ä n g u n g verhindert das Kippen des Schwimmers um mehr als 18°.

Die Kompaßrose hat folgende Einteilung:

*Markierung der H a u p t h i m m e l s r i c h t u n g e n:*

| | | | |
|---|---|---|---|
| *N* | = | *Nord (North)* | *Buchstaben* |
| *E* | = | *Ost (East)* | |
| *S* | = | *Süd (South)* | |
| *W* | = | *West (West)* | |

In A b s t ä n d e n von jeweils **30°** erscheint eine Z i f f e r, bei der die letzte Null fehlt.

| | | | |
|---|---|---|---|
| *3* | = | *030°* | *Ziffern* |
| *6* | = | *060°* | |
| *12* | = | *120°* | |

Zwischen den Buchstaben (N, E, S, W) und den Ziffern (3, 6, 12, 15 usw.) hat die Kompaßrose eine *5° - Unterteilung* (siehe Abb. 56).

Die ***Schwimmer-Einheit*** - bestehend aus den beiden Magnetnadeln, der Kompaßrose und dem Schwimmer selbst - befindet sich in einem **dichten Kessel**, der mit einer **säurefreien Kerosinart** gefüllt ist. Diese Flüssigkeit erfüllt mehrere Zwecke:

- Schwingungen der Kompaßrose werden durch die Flüssigkeit gedämpft!
- Der Auftrieb verringert das Auflagegewicht des Schwimmers auf dem Lagerzapfen (Pinne)!
- Die Flüssigkeit dient als Schmiermittel zwischen der Pinne und dem Schwimmer am Drehpunkt!

Am hinteren Teil des Flüssigkeitskessels befindet sich eine ***Druckausgleichskammer*** mit Membrane, die bei Kontraktionen (Zusammenziehen) der Flüssigkeit eine Blasenbildung und bei Expansionen (Ausdehnen) ein mögliches Bersten der dichten Flüssigkeitskammer (Kessel) verhindern soll!

Die ***Anzeige*** des Magnetkompaßes wird an einem **Steuerstrich** abgelesen, der hinter der Glasscheibe des Sichtfensters vor der auf dem Schwimmer montierten Kompaßrose angebracht ist.
Da die trommelförmige Kompaßrose vom Flugzeugführer von der 'Rückseite' betrachtet wird, hat man die Gradeinteilung mit ihrer Beschriftung um 180° versetzt!

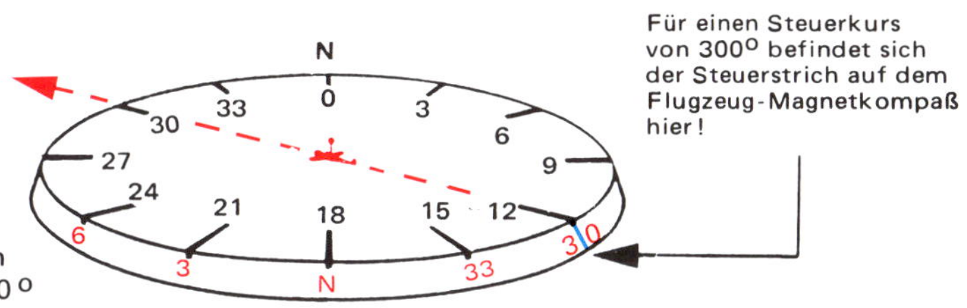


Abb. 57 **Die Beschriftung des trommelförmigen Flugzeug-Magnetkompasses ist um 180° versetzt!**

Dadurch entsteht bei Kursänderungen der **Eindruck**, daß die Kompaßrose sich **entgegengesetzt zur Drehrichtung des Flugzeugs** dreht. Anfänger kurven aus diesem Grunde auch gerne in die falsche Richtung ein!
Tatsächlich jedoch dreht sich die Kompaßrose überhaupt nicht, sondern das Flugzeug dreht sich bei Kursänderungen um die stillstehende Kompaßrose.
Über dem Sichtfenster des Magnetkompasses finden wir zwei Justierschrauben mit der Beschriftung N/S und E/W. Sie sind mit einer Kompensationseinrichtung verbunden, die aus zwei kleinen Kompensationsmagneten besteht. Mit den Justierschrauben können die beiden Kompensationsmagnete über ein Getriebe so verstellt werden, daß die in einem Flugzeug immer vorhandene Kompaßablenkung (***Deviation = DEV***), die durch Magnetfelder im Flugzeug selbst (Metallteile, Stromkreise usw.) entsteht, auf ein Minimum reduziert wird **(siehe 5.1.2 'Die Kompaßablenkung').**

Bevor wir uns nun mit dem Gebrauch des Magnetkompasses in der fliegerischen Praxis genauer befassen, müssen wir uns mit einigen **Grundlagen** bezüglich des ***Erdmagnetfeldes*** vertraut machen, die die Ursache für das Ausrichten der frei aufgehängten Magnetnadel parallel zu den Feldlinien (Kraftlinien) des Erdmagnetfeldes sind.

## 5.1 Das Magnetfeld der Erde

Die Erde als Ganzes ist ein riesiger ***'Magnet' (griech.: Magnesia;*** Ort an dem schon im Altertum magnetisches Eisenerz gefunden wurde) mit zwei Magnetpolen unter der Erdoberfläche. Die Kräfteverteilung kann man sich etwa so vorstellen: Im Erdmittelpunkt befindet sich ein **starker Magnet**, dessen **Achse** nicht genau mit der **Erdachse** (Rotationsachse) zusammenfällt, sondern um ca. **11 1/2°** dagegen geneigt ist.

Der ***magnetische Nordpol*** (engl.: magnetic north pole) liegt - auf die Erdoberfläche übertragen - in Nordkanada (im Jahre 1964 am Südende der Insel Bathurst) während der ***magnetische Südpol*** in der Antarktis liegt **(siehe Abb. 58 auf der folgenden Seite).**

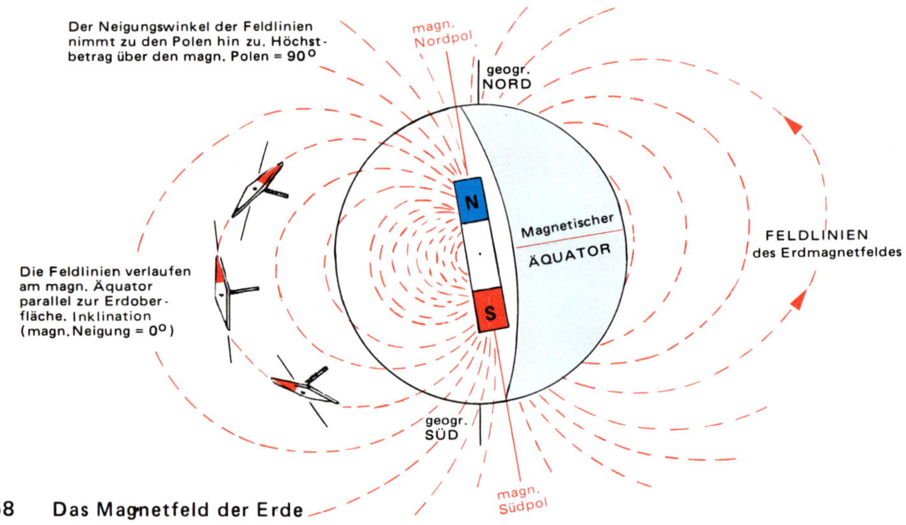


Abb. 58 Das Magnetfeld der Erde

Die beiden magnetischen Pole verändern ihre Lage laufend - aber sehr langsam. Sie wandern in ungefähr 960 Jahren einmal um die geographischen Erdpole herum ( der magnetische Nordpol im Uhrzeigersinn, der magnetische Südpol entgegen dem Uhrzeiger). Dieser Vorgang wird, weil er in Jahrhunderten abläuft, als *'Säkularvariation'* bezeichnet. Die Älteren unter uns lernten noch, daß der magnetische Nordpol auf der kanadischen Halbinsel B o o t h i a F e l i x 'zu Hause' ist. Das war zu Anfang unseres Jahrhunderts zwar der Fall, aber inzwischen hat sich der magnetische Nordpol um mehr als 600 Kilometer von diesem Punkt entfernt.

Von den beiden Polen des 'E r d m a g n e t e n' hat der magnetische Nordpol in Nordkanada - ca. 1.000 NM s ü d l i c h des geographischen Norpols! - eigentlich den Charakter eines magnetischen S ü d p o l s, weil er ja den Nordpol der Magnetkompaß-Nadel anzieht.

> *M e r k e : Eine frei aufgehängte Magnetnadel richtet sich parallel zu den Feldlinien (Kraftlinien) des Erdmagnetfeldes aus. Ihr 'Nordpol' zeigt zum magnetischen Nordpol der Erde hin* (siehe Abb. 58)!

Die **Magnetnadel** zeigt also n i c h t in Richtung der geographischen Meridiane zum geographischen Nordpol hin, sondern sie **richtet sich parallel** zum sogenannten **'magnetischen Meridian'** (mißweisender Meridian) in Richtung des **magnetischen** Nordpols aus.

Die Magnetnadel richtet sich parallel zu den Feldlinien des Erdmagnetfeldes in Richtung des mißweisenden (magnetischen) Meridians zum magnetischen Nordpol hin aus.

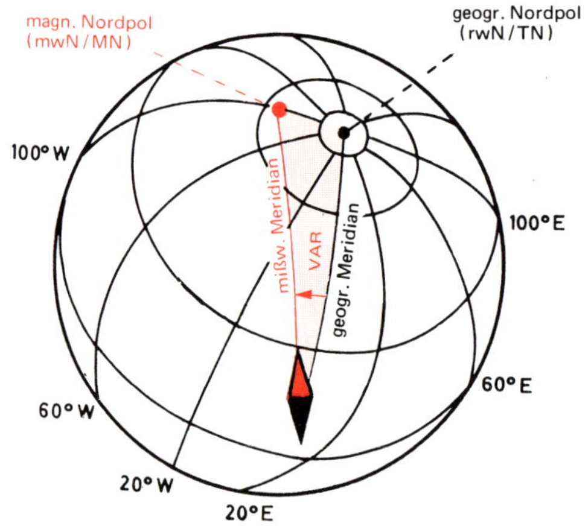


Abb. 59

## 5.1.1 Die Ortsmißweisung

Der Winkel zwischen dem **geographischen** Meridian (rechtweisend Nord / true north = rwN / TN) und dem **mißweisenden** (magnetischen) Meridian (mißweisend Nord / magnetic north = mwN / MN) wird als ***Ortsmißweisung* = OM** (engl.: Variation = VAR) bezeichnet (siehe Abb. 59).
Da wir in der Flugnavigation den rechtweisenden Kurs (rwK / TC) - auch 'Kartenkurs' genannt - mit Hilfe der geographischen Meridiane bestimmen, die uns die Richtung nach rechtweisend Nord (rwN / TN) angeben, wir aber andererseits im Flugzeug selbst den Kurs mit dem Magnetkompaß steuern, der in Richtung des mißweisenden Meridians nach mißweisend Nord (mwN / MN) zeigt, muß die rechtweisende Richtung für navigatorische Zwecke in eine mißweisende umgewandelt werden.

Die **Kursumwandlung** erfolgt **durch Addition** oder **Subtraktion der Ortsmißweisung (OM / VAR)**, die auf unseren Luftfahrtkarten durch sogenannte ***'Isogonen'*** (Linien gleicher Ortsmißweisung) angegeben wird (siehe folgende Seiten!).

Die ***Ortsmißweisung*** wird für einen bestimmten Ort auf der Erde in Grad (°) Ost (E) oder West (W) angegeben.

- ***Merke: Liegt mißweisend Nord = mwN (engl.: magnetic north = MN) ÖSTLICH von rechtweisend Nord = rwN (engl.: true north = TN), so handelt es sich um eine ÖSTLICHE MISSWEISUNG (engl.: east variation)!***

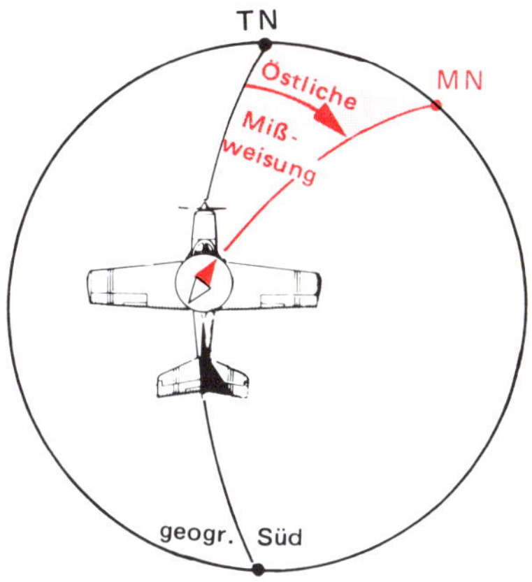


Bei östlicher Ortsmißweisung liegt mißweisend Nord (mwN / MN) rechts von rechtweisend Nord (rwN / TN)!

Abb. 60
Östliche Ortsmißweisung (east variation)

In solchen Fällen ist der **mißweisende Steuerkurs = mwSK** (engl.: magnetic heading = MH) eines Flugzeugs immer **kleiner** als der rechtweisende Steuerkurs = rwSK (engl.: true heading = TH).
Wollen wir z.B. einen rechtweisenden Steuerkurs (rwSK / TH) von **060°** bei einer Ortsmißweisung von 15° E (E = east / OST) fliegen, so ergibt sich folgende Situation:

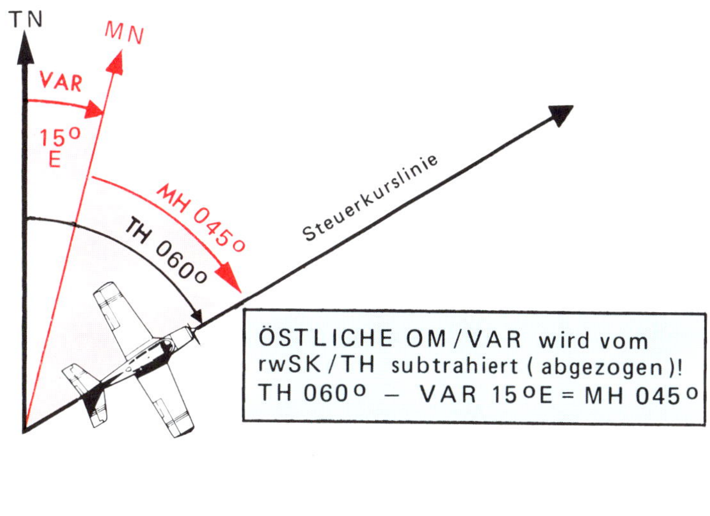


Abb. 61
Der mißweisende Steuerkurs (mwSK / MH) ist bei östlicher Ortsmißweisung (OM) immer kleiner als der rechtweisende Steuerkurs (rwSK / TH)!

Eine ***Ö S T L I C H E Ortsmißweisung*** - in unserem Beispiel **15⁰E** - muß also immer vom rechtweisenden Steuerkurs (rwSK / TH) ***subtrahiert (abgezogen)*** werden, um den mißweisenden Steuerkurs (mwSK / MH) zu erhalten:

| | | |
|---|---|---|
| | *rwSK / TH* | *060°* |
| – | *OM / VAR* | *15° E* |
| | *mwSK / MH* | *045°* |

● ***M e r k e : Liegt mißweisend Nord = mwN / MN (engl.: magnetic north = MN) W E S T L I C H von rechtweisend Nord = rwN / TN, so spricht man von einer WESTLICHEN MISSWEISUNG (engl.: west variation) !***

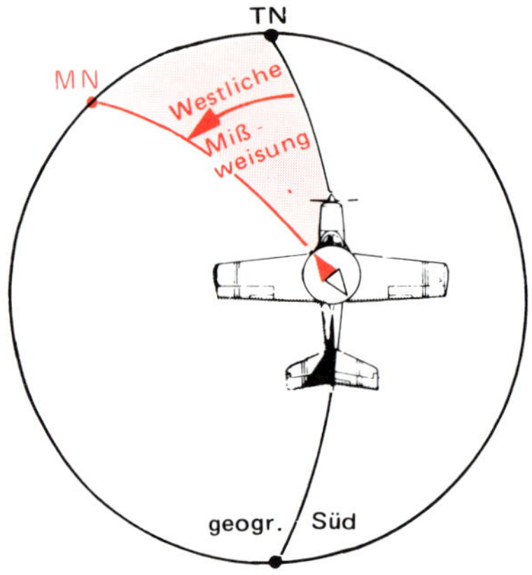


**Bei w e s t l i c h e r Ortsmißweisung liegt mißweisend Nord (mwN / MN) l i n k s von rechtweisend Nord (rwN / TN) !**

**Abb. 62**
**Westliche Ortsmißweisung (west variation)**

Innerhalb der Bundesrepublik Deutschland haben wir zur Zeit eine **Ortsmißweisung (variation)** von

● *0° (= Agone; FIR Berlin)*
bis
● *2° W (westl. Grenze zu den Niederlanden).*

I n Gebieten mit **w e s t l i c h e r** Ortsmißweisung - also auch bei uns - ist der **mißweisende Steuerkurs** (mwSK / MH) eines Flugzeugs immer **g r ö ß e r** als der r e c h t w e i s e n d e Steuerkurs (rwSK / TH). Wollen wir z. B. bei einer Ortsmißweisung von **15° W** einen r e c h t w e i s e n d e n Steuerkurs von **060°** fliegen, so müssen wir uns folgendes Bild vor Augen halten:

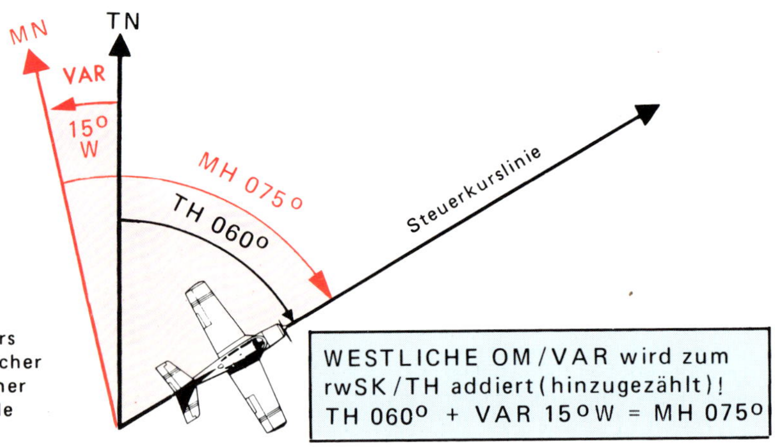


**Abb. 63**
**Der mißweisende Steuerkurs (mwSK / MH) ist bei westlicher Ortsmißweisung (OM) immer größer als der rechtweisende Steuerkurs (rwSK / TH) !**

Eine ***WESTLICHE ORTSMISSWEISUNG*** - in unserem Beispiel $15^{o}$ W - muß also in jedem Fall zum rechtweisenden Steuerkurs (rwSK / TH) ***addiert (hinzugezählt)*** werden, um den mißweisenden Steuerkurs (mwSK/MH) zu erhalten:

| | |
|---|---|
| *rwSK / TH* | *060°* |
| + *OM / VAR* | *15° W* |
| *mwSK / MH* | *075°* |

Wir fassen noch einmal zusammen:

***Rechtweisende Richtungen werden in mißweisende Richtungen umgewandelt, indem man***

- ***ÖSTLICHE Ortsmißweisung (east variation) SUBTRAHIERT !***
- ***WESTLICHE Ortsmißweisung (west variation) ADDIERT !***

In Deutschland ist es auch üblich, eine östliche Ortsmißweisung (east variation) mit dem Vorzeichen PLUS (+) und eine westliche Ortsmißweisung mit dem Vorzeichen MINUS (−) zu versehen. Diese Vorzeichen geben uns einen Hinweis auf die Fehlanzeige des Kompasses. Sie dürfen deshalb nicht zur Umwandlung vom rechtweisenden zum mißweisenden Steuerkurs - oder umgekehrt - angewendet werden !

Kommen diese Vorzeichen (OST = + / WEST = −) bei der Angabe der Ortsmißweisung (OM / VAR) zur Anwendung, so gelten für Umrechnungen folgende Merksätze:

- ***Vom RICHTIGEN (rwSK / TH) zum FALSCHEN (mwSK / MH) rechne mit umgekehrtem (FALSCHEM) Vorzeichen !***

oder

- ***Vom FALSCHEN (mwSK / MH) zum RICHTIGEN (rwSK / TH) rechne mit dem RICHTIGEN Vorzeichen !***

Hier zwei Beispiele:

1. Vom 'RICHTIGEN' zum 'FALSCHEN':

| | | | | | |
|---|---|---|---|---|---|
| Gegeben: | *rwSK / TH* | *235°* | Lösung: | *rwSK / TH* | *235°* |
| | *OM / VAR* | *− 5° (W)* | | *OM / VAR* | *− 5° (ADDIEREN!)* |
| Gesucht: | *mwsK / MH ?* | | | *mwSK / MH* | *240°* |

2. Vom 'FALSCHEN' zum 'RICHTIGEN':

| | | | | | |
|---|---|---|---|---|---|
| Gegeben: | *mwSK / MH* | *305°* | Lösung: | *mwSK / MH* | *305°* |
| | *OM / VAR* | *− 11° (W)* | | *OM / VAR* | *− 11° (SUBTRAHIEREN!)* |
| Gesucht: | *rwSK / TH ?* | | | *rwSK / TH* | *294°* |

Die Mißweisung ist an einem bestimmten Ort auf der Erde für jeden Kompaß - unabhängig von der Flugrichtung ! - gleichgroß. Wäre die Erde gleichmäßig magnetisiert, würde unsere Kompaßnadel immer genau in die Richtung des magnetischen Pols zeigen und die Ortsmißweisung (OM / VAR) zwischen rechtweisend Nord (geographischer Meridian) und mißweisend Nord (mißweisender Meridian) könnte an jedem Schnittpunkt der beiden Meridiane genau gemessen werden.

In Wirklichkeit **weicht** die **Verteilung** der **erdmagnetischen Kräfte** - vereinzelt sogar erheblich! - von der idealen (gleichmäßigen) Verteilung **ab**. Über manchen Gebieten der Erde wird der Kompaß durch geologische Formationen unter der Erdoberfläche, - z.B. magnetisches Gestein in Basaltkuppen und/oder Eisenerz-Lagerstätten - (stark) **abgelenkt** und er zeigt dann nicht mehr in Richtung des **magnetischen Pols** (mißweisender Meridian).

Solche **regionalen Anomalien** des Erdmagnetfeldes werden in bestimmten Zeitabständen durch erdmagnetische Vermessungen ermittelt. Auf einer 'magnetischen Weltkarte' werden die Ergebnisse dieser Vermessungen als ***Linien gleicher Ortsmißweisung*** -

- ***Isogonen***

genannt - veröffentlicht (sie erscheint alle 5 Jahre).

Diese **Isogonen** sind auch auf unseren Luftfahrtkarten als **unterbrochene Linien** aufgedruckt (blau oder rot).

***Merke: Isogonen sind Linien, die Orte mit gleicher Ortsmißweisung (OM/VAR) miteinander verbinden!***

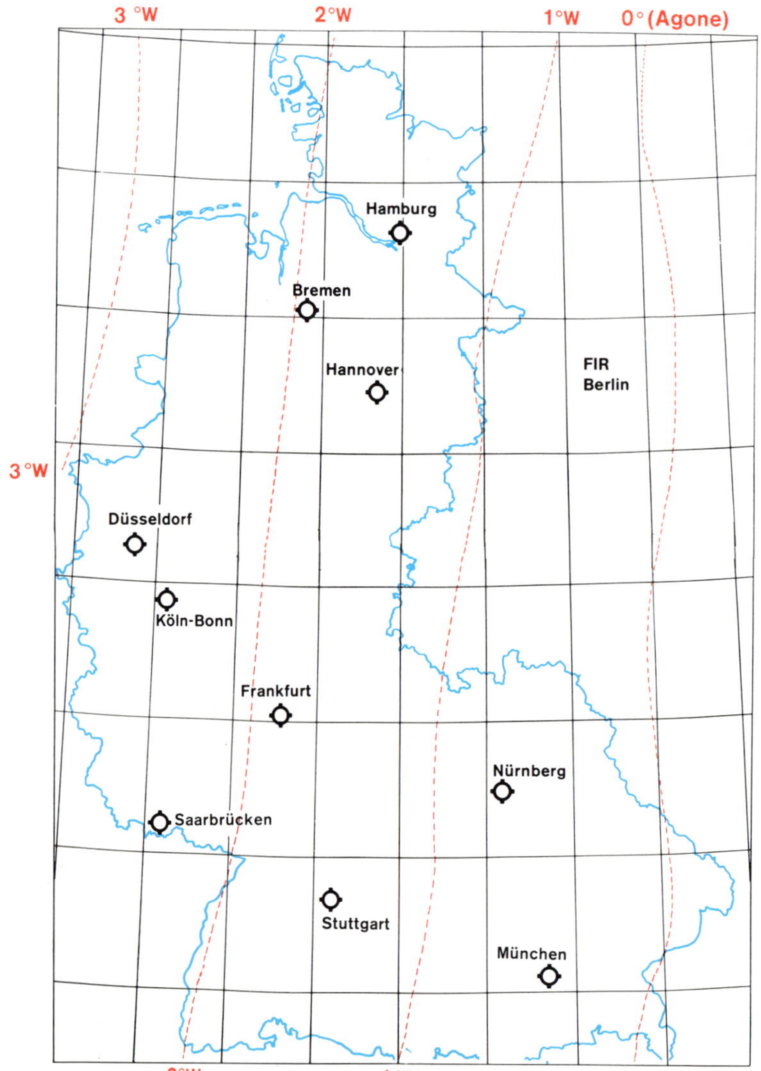


Abb. 64 — Linien gleicher mittlerer Ortsmißweisung (Isogonen)

O r t e mit einer O r t s m i ß w e i s u n g von $0^o$ *(Null Grad)* werden auf einer Karte mit einer Linie verbunden, die

- ***A G O N E** (engl.: agonic line)*

genannt wird. An solchen Orten besteht zwischen r e c h t w e i s e n d Nord (rwN/TN) und m i ß - w e i s e n d Nord (mwN/MN) k e i n U n t e r s c h i e d

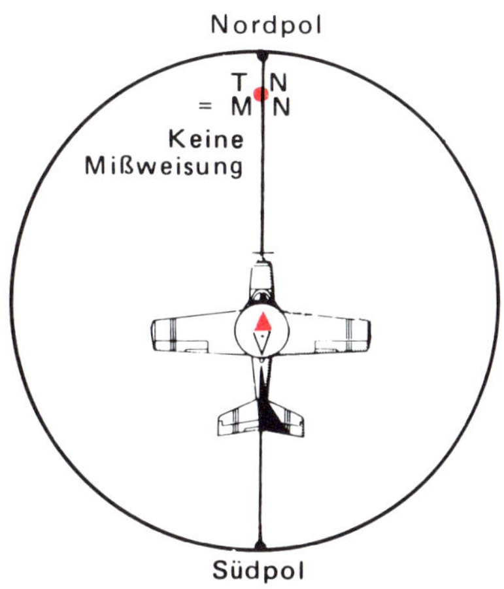


Abb. 65 — Keine Ortsmißweisung an Orten, die durch eine A g o n e miteinander verbunden sind

Die Mißweisung (variation) eines Ortes ä n d e r t sich durch die schon erwähnte 'Säkularvariation' sehr langsam, aber stetig. Bei uns beträgt die durchschnittliche j ä h r l i c h e Ä n d e r u n g d e r M i ß w e i - s u n g (engl.: annual change of magnetic variation) z. .Zt. ca. **—5'**, d. h. die I s o g o n e n verlagern sich jährlich um etwa **$0{,}08^o$ ( ungefähr 6 km)** in geographischer Länge nach W e s t e n.

Unregelmäßige Änderungen der Ortsmißweisung treten vor allem in h ö h e r e n geographischen Breiten durch **'m a g n e t i s c h e S t ü r m e'** - oft mit Polarlichtern - in der ' I o n o s p h ä r e' auf **(siehe Band 2, Flugwetterkunde)**. Hier ä n d e r t sich die Mißweisung auch m i t d e r F l u g h ö h e, der J a h r e s z e i t und der T a g e s z e i t (Tag/Nacht).

### 5.1.2 D i e K o m p a ß a b l e n k u n g (D e v i a t i o n)

Die **Kompaßablenkung** oder **Deviation (engl.: deviation = DEV)** ist der W i n k e l u n t e r s c h i e d zwischen der Richtung, in die eine n u r v o m E r d m a g n e t f e l d beeinflußte Magnetnadel zeigt und d e r Richtung, in die sich eine vom Erdmagnetfeld u n d vom M a g n e t f e l d d e s F l u g z e u g s beeinflußte Magnetnadel ausrichtet.

Viele Teile des Flugzeugs bestehen aus S t a h l oder E i s e n und besitzen daher die Eigenschaft eines M a g n e t e n. Desweiteren erzeugen die S t r o m k r e i s e des Flugzeugs (Kabel) M a g n e t f e l d e r, wenn elektrischer Strom durch die Drähte fließt.
Der Magnetkompaß des Flugzeugs wird also nicht nur vom Magnetfeld der Erde a l l e i n beeinflußt, sondern er erfährt durch diese i n t e r n e n M a g n e t f e l d e r eine z u s ä t z l i c h e A b l e n k u n g, die - wie schon mehrmals erwähnt - als Kompaßablenkung oder Deviation bezeichnet wird.

Diese **Ablenkung** müssen wir natürlich **bei** der **Festlegung des Steuerkurses** für Überlandflüge **berücksichtigen!** Obwohl die Deviation eines Flugzeugs-Magnetkompasses s o w e i t w i e m ö g l i c h 'kompensiert' worden ist, k a n n die A b w e i c h u n g von mißweisend Nord m e h r e r e G r a d e betragen.

***M e r k e: Die Kompaßablenkung ist bei jedem Flugzeug anders!***
***Sie ändert sich in Richtung und Größe mit dem Steuerkurs des Flugzeugs!***

Die nach der Kompensation des Magnetkompasses verbleibende **Restablenkung** wird auf einer sogenannten ***'Deviationstabelle'*** erfaßt, die irgendwo in der Nähe des Kompasses befestigt wird. Auf dieser Tabelle finden wir den richtigen **Kompaß-Steuerkurs = KSK** (engl.: **c**ompass **h**eading = CH) genau gegenüber dem **miß**weisenden **S**teuer**k**urs = mwSK (engl.: **m**agnetic **h**eading = MH):

SOLL

| N | 030 | 060 | O | 120 | 150 | S | 210 | 240 | W | 300 | 330 |
|---|---|---|---|---|---|---|---|---|---|---|---|

Ist

| 359 | 029 | 058 | 090 | 121 | 151 | 181 | 212 | 243 | 271 | 299 | 328 |
|---|---|---|---|---|---|---|---|---|---|---|---|

*Luftfahrtelektronik Köln*
FUNK- UND NAVIGATIONSGERÄTE EIN

Abb. 66 — Deviationstabelle im Flugzeug

Die ***Deviation (DEV)*** wird - wie die Ortsmißweisung (OM/VAR) - mit *OST (+)* oder *WEST (−)* bezeichnet.

***Merke:** Liegt Kompaß-Nord = KN (engl.: compass north = CN) - also die Richtung, die der Magnetkompaß im Flugzeug anzeigt - ÖSTLICH von mißweisend Nord (mwN/MN), so handelt es sich um eine ÖSTLICHE DEVIATION (engl.: east deviation)!*

Bei östlicher Deviation (+) ist der Kompaß-Steuerkurs (KSK/CH) immer kleiner als der mißweisende Steuerkurs (mwSK/MH)!

- *Eine ÖSTLICHE DEVIATION (+) muß immer vom mißweisenden Steuerkurs (mwSK/MH) SUBTRAHIERT (ABGEZOGEN) werden, um den **Kompaß-Steuerkurs (KSK/CH)** zu erhalten.*

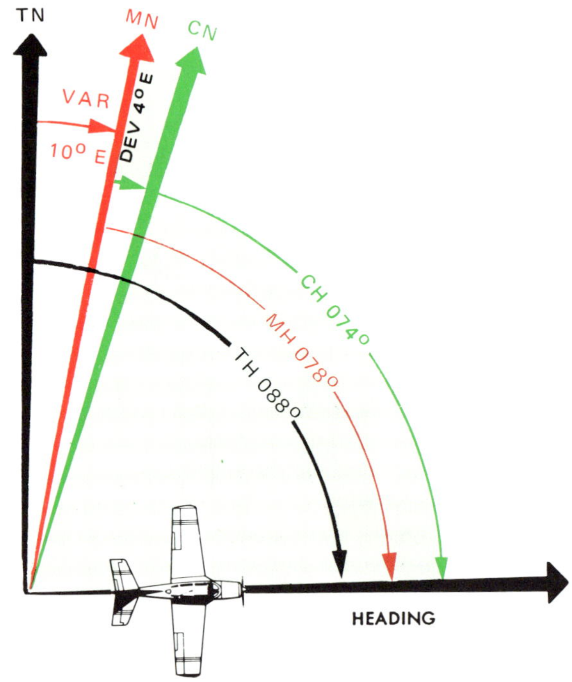


Abb. 67 — Östliche Deviation:
Der **Kompaß-Steuerkurs** ist immer kleiner als der mißweisende Steuerkurs (mwSK/MH)

Beispiel **(siehe Abb. 67)**

gegeben: *mwSK/MH 078°*
*DEV 4° E (+4°)*

gesucht: *KSK/CH ?*

Lösung: *mwSK/MH 078°*
*DEV 4° E (SUBTRAHIEREN!)*

*KSK/CH 074°*

*Merke: Liegt Kompaß-Nord (KN/CN) WESTLICH von mißweisend Nord (mwN/MN), so spricht man von einer WESTLICHEN DEVIATION (engl.: west deviation)!*

Der Kompaß-Steuerkurs (KSK/CH) ist bei westlicher Deviation (–) immer größer als der mißweisende Steuerkurs (mwSK/MH)!

- *Jede WESTLICHE DEVIATION (–) muß zum mißweisenden Steuerkurs (mwSK/MH) ADDIERT (HINZUGEZÄHLT) werden, um den **Kompaß-Steuerkurs (KSK/CH)** zu erhalten.*

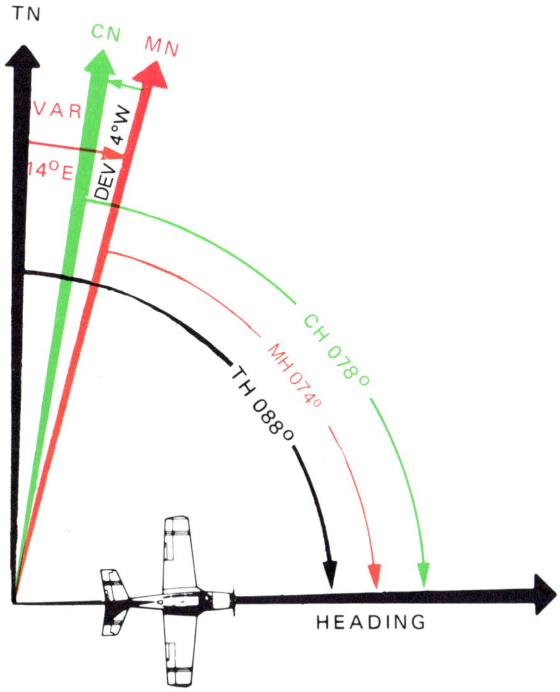


Abb. 68 — Westliche Deviation:
Der **Kompaß-Steuerkurs** ist immer größer als der mißweisende Steuerkurs (mwSK/MH)

Beispiel (siehe Abb. 68)

| | | | | | |
|---|---|---|---|---|---|
| gegeben: | *mwSK/MH* | *074°* | Lösung: | *mwSK/MH* | *074°* |
| | *DEV* | *4° W (–4°)* | | *DEV* | *4° W (ADDIEREN!)* |
| gesucht: | *KSK/CH ?* | | | *KSK/CH* | *078°* |

Die Umwandlung des mißweisenden Steuerkurses in den **Kompaß-Steuerkurs** durch die 'Beschickung' des mißweisenden Steuerkurses mit der Deviation (Kompaßablenkung) erfolgt also nach den gleichen Regeln wie die Umwandlung des rechtweisenden Steuerkurses in den mißweisenden Steuerkurs (siehe 5.1.1, 'Die Ortsmißweisung' - OM/VAR)!

*Merke: Während ÖSTLICHE Deviation (+) immer vom mißweisenden Steuerkurs SUBTRAHIERT (abgezogen) werden muß, um den **Kompaß-Steuerkurs** zu erhalten,*

*wird*

*WESTLICHE Deviation (–) immer zum mißweisenden Steuerkurs (mwSK/MH) ADDIERT (hinzugezählt), um den **Kompaß-Steuerkurs (KSK/CH)** zu erhalten!*

Die Ortsmißweisung (OM/VAR) - **siehe 5.1.1** - und die Deviation (DEV) oder Kompaßablenkung ergeben zusammen den sogenannten ***'Kompaßfehler'*** oder die ***'Fehlweisung' (engl.: compass error).***

Zum Schluß noch eine zusammenfassende Darstellung für die **Anbringung** der Ortsmißweisung (OM/VAR) und der Deviation (DEV) bei allen in der Praxis möglichen Fällen:

- ÖSTLICHE Ortsmißweisung (+) und ÖSTLICHE Deviation (+)

  *CH = TH − VAR − DEV*

- ÖSTLICHE Ortsmißweisung (+) und WESTLICHE Deviation ( − )

  *CH = TH − VAR + DEV*

- WESTLICHE Ortsmißweisung (−) und WESTLICHE Deviation (−)

  *CH = TH + VAR + DEV*

- WESTLICHE Ortsmißweisung (−) und ÖSTLICHE Deviation ( + )

  *CH = TH + VAR − DEV*

## 5.1.3 Die Inklination (magnetische Neigung)

Eine völlig frei aufgehängte Magnetnadel richtet sich nicht nur in der horizontalen Richtung parallel zu den Feldlinien des Erdmagnetfeldes zum magnetischen Pol hin aus, sondern das Nordende der Magnetnadel neigt sich auf der Nordhalbkugel mit zunehmender geographischer Breite - den nicht überall parallel zur Erdoberfläche verlaufenden Feldlinien des Erdmagnetfeldes folgend - immer mehr nach unten.
Der Winkel, den die Magnetnadel mit der Horizontalen (Erdoberfläche) bildet, heißt

- ***INKLINATION oder magnetische Neigung (engl.: magnetic dip).***

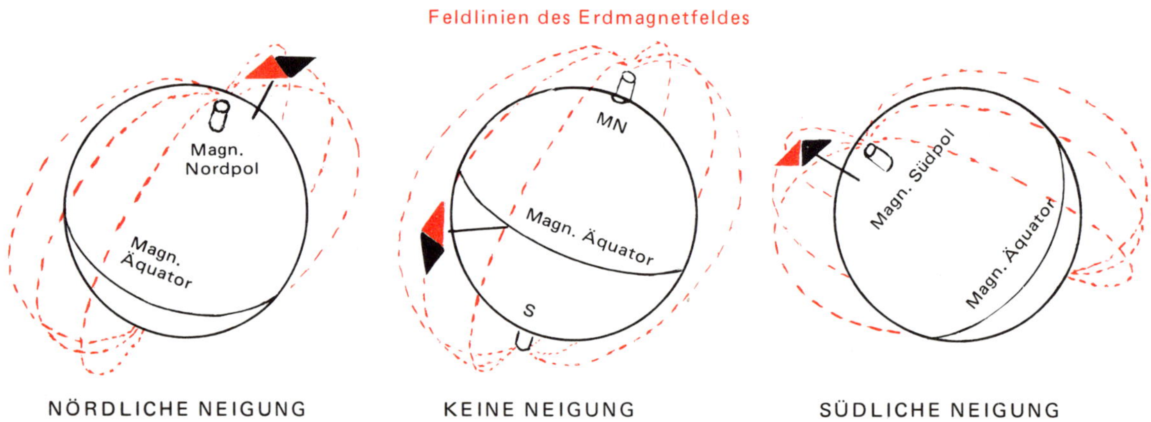


Abb. 69 Die Inklination (magnetische Neigung) ist über den magnetischen Polen am größten (90°). Über dem magnetischen Äquator beträgt sie 0° (Null Grad)

In unseren Breiten beträgt die magnetische Neigung (Inklination) **ca. 65°.** Sie erreicht über den **magnetischen Polen** mit **90°** ihren höchsten und über dem **magnetischen Äquator** mit **0°** ihren geringsten Wert.
Alle Orte mit gleicher Inklination können mit einer **Linie gleicher Inklination**, die

- ***Isokline***

genannt wird, verbunden werden.

Die Linie, die alle Orte mit der Inklination **0° (Null)** verbindet, heißt

- ***magnetischer Äquator oder Akline.***

Die Tendenz des Magnetkompasses, sich in bestimmten Breiten nach unten zu neigen, verursacht während des Fluges zwei bedeutende ***Anzeigefehler***, die jeder Flugzeugführer unbedingt kennen muß. Es handelt sich um den

- ***Kompaß - Drehfehler oder 'Nordfehler' (engl.: northerly turn error),***

der besonders bei Kurven in nördliche und südliche Richtung oder aus diesen Richtungen in Erscheinung tritt, und um den sogenannten

- ***Beschleunigungsfehler (engl.: acceleration error),***

der bei Geschwindigkeitsänderungen (Beschleunigung oder Verzögerung) - besonders auf Ost- oder Westkurs - auftritt.

### 5.1.3.1 Der Kompaßdrehfehler (Nordfehler) auf der Nordhalbkugel

Beim Einleiten einer Kurve bringen wir das Flugzeug in eine Schräglage und die Kompaßrose des Magnetkompasses neigt sich aufgrund der nun einwirkenden Zentrifugalkraft ebenfalls. Solange sich die Kompaßrose in dieser Schräglage befindet, bewirkt die vertikale Komponente des Erdmagnetfeldes (Inklination/magnetische Neigung) ein Kippen (Neigung) des **Nord**endes der **Kompaßnadel** zur Kurvenrichtung hin, also in Richtung der tieferliegenden Tragfläche. Die dadurch entstehende Fehlanzeige des Magnetkompasses wird als **Kompaßdrehfehler** oder **'Nordfehler'** (engl.: northerly turn error) bezeichnet.

Diese Fehlanzeige tritt besonders stark bei Kurven auf Nord- oder Südkurs oder bei Kurven aus diesen Richtungen in Erscheinung:

- **Kurven** wir aus **NORDKURS** in Richtung OST oder WEST ein, so ist die Kompaßanzeige zu gering.
  Anmerkung: Der Kompaß kann zuerst sogar eine Kurve in entgegengesetzter Richtung anzeigen!

- Bei **Einkurven auf NORDKURS** aus Richtung OST oder WEST tritt diese Erscheinung ebenfalls auf. Bei solchen Kurven bleibt die Kompaßanzeige zurück.
  Aus diesem Grunde **muß die Kurve früher beendet** werden!

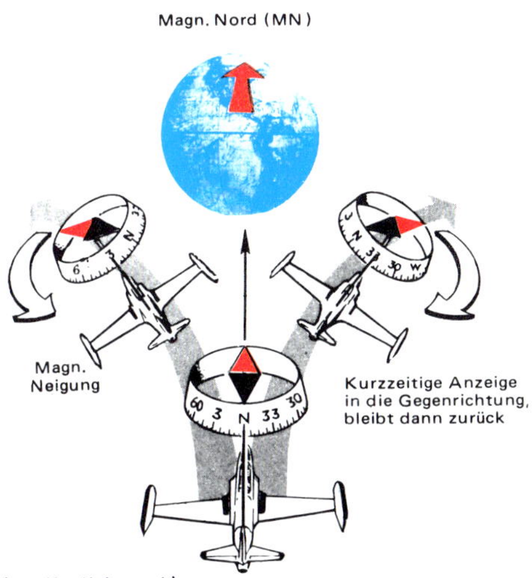


Abb. 70 Kompaß - Drehfehler bei Kurven aus oder in Richtung NORD (Nordhalbkugel)

- Bei **Kurven aus Richtung SÜD** zeigt der Kompaß zwar die richtige Drehrichtung an, aber die Anzeige eilt voraus!
- Beim **Einkurven auf SÜDKURS** aus Richtung OST oder WEST tritt diese Erscheinung auch auf.

  Bei solchen Kurven eilt die Anzeige der wirklichen Drehung des Flugzeugs voraus;

  **Die Kurve muß daher später beendet werden!**

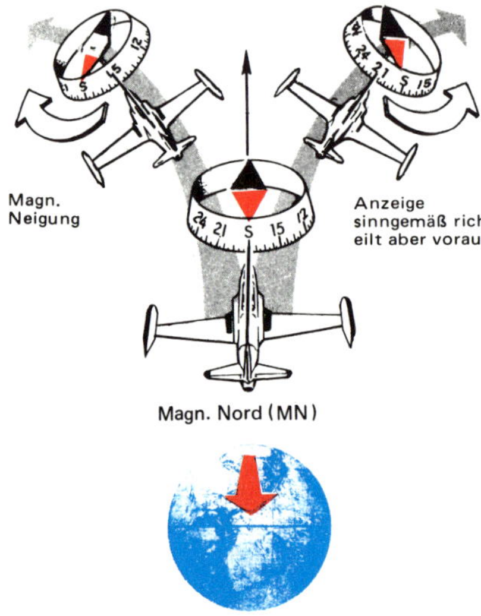


Abb. 71 Kompaß-Drehfehler bei Kurven aus oder in Richtung SÜD (Nordhalbkugel!)

***Merke: Der Kompaßdrehfehler erreicht bei Kurven in oder aus Richtung NORD oder SÜD seinen größten Wert und tritt auf OST- oder WEST-KURS nicht in Erscheinung!***

Auf der **Südhalbkugel** treten diese Fehler ebenfalls - aber umgekehrt - auf.

### 5.1.3.2 Der Beschleunigungsfehler auf der Nordhalbkugel

Dieser **Anzeigefehler** des Magnetkompasses tritt bei **Fluggeschwindigkeitsänderungen** (Beschleunigung oder Verzögerung) - ebenfalls durch Einwirkung der vertikalen Komponente des Erdmagnetfeldes (Inklination/magnetische Neigung) - besonders stark auf OST- oder WESTKURSEN in Erscheinung.
Aufgrund der pendelartigen Aufhängung neigt sich (kippt) die Kompaßrose bei Geschwindigkeitsänderungen des Flugzeugs in folgender Weise:

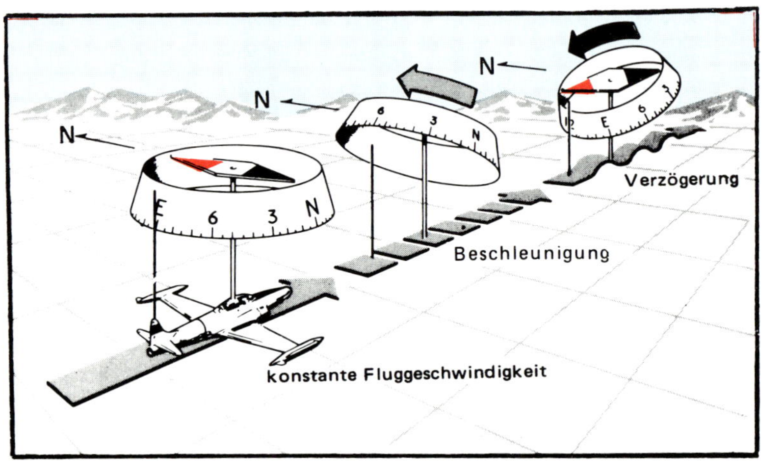


Abb. 72

**Beschleunigungsfehler bei OST-Kurs**

Der daraus resultierende **Anzeigefehler** des Magnetkompasses wird **Beschleunigungsfehler** (engl.: acceleration error) genannt und muß auf **Ost- oder Westkursen** besonders beachtet werden!

- **Beschleunigen** wir das Flugzeug durch
  Erhöhung der Motorleistung oder durch Neigung der Flugzeugnase **(Sinkflug)**
  auf **Ost- oder Westkursen**, so zeigt der Kompaß fälschlicherweise ein **Einkurven nach NORDEN** an!

- **Drosseln (verzögern)** wir die Fahrt des Flugzeugs durch
  Verringerung der Motorleistung oder durch Hochziehen der Flugzeugnase **(Steigflug)**
  auf **Ost- oder Westkursen**, so zeigt der Kompaß fälschlicherweise ein **Einkurven nach SÜDEN** an!

***Merke: Der Beschleunigungsfehler tritt bei Beschleunigungen auf NORD- oder SÜD-Kursen nicht auf!***

Auf der **Südhalbkugel** tritt - wie beim Kompaßdrehfehler - die entgegengesetzte Fehlanzeige bei Beschleunigungen oder Verzögerungen auf Ost- oder Westkursen in Erscheinung.

Die nachfolgende Abbildung mit der nebenstehenden Tabelle soll Ihnen für die Praxis einige Faustregeln - vor allem für die Berücksichtigung des Kompaßdrehfehlers - mit auf den Weg geben. Prägen Sie sich diese bewährten Faustregeln bitte genau ein, denn bei Ausfall des Kurskreisels **(siehe Band 3, Seite 49 bis 52)** ist der einfache Magnetkompaß, der unabhängig von irgendwelchen Systemen (Bordnetz) arbeitet, das einzige zuverlässige Instrument, das Ihnen die Richtung weist!

Der äußere Zahlenring zeigt, um wieviel Grad die Kurve **vorher** ausgeleitet oder überdreht werden muß, um den gewünschten Kurs zu erreichen.

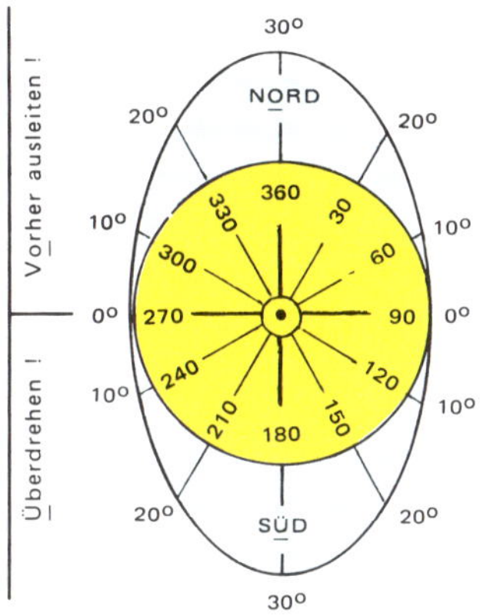


Abb. 73
Kompaßfehler bei Kurven und Beschleunigungsfehler auf Ost- oder Westkursen

NORDKURS:
- Kurve nach rechts in Richtung OST:
  Anzeige bleibt zunächst zurück!
  Dann aber kein Fehler mehr!
- Kurve nach links in Richtung WEST:
  Anzeige bleibt zunächst zurück!
  Dann aber kein Fehler mehr!

KEIN BESCHLEUNIGUNGSFEHLER!

SÜDKURS:
- Kurve nach rechts in Richtung WEST:
  Anzeige eilt zunächst vor!
  Dann aber kein Fehler mehr!
- Kurve nach links in Richtung OST:
  Anzeige eilt zunächst vor!
  Dann aber kein Fehler mehr!

KEIN BESCHLEUNIGUNGSFEHLER!

WESTKURS:
- Kurve nach rechts in Richtung NORD:
  Zuerst kein Fehler! Anzeige bleibt dann aber zurück!
  VORHER AUSLEITEN!
- Kurve nach links in Richtung SÜD:
  Zuerst kein Fehler! Anzeige eilt dann aber vor!
  ÜBERKURVEN!
- Beschleunigung (Sinkflug):
  Anzeige zu weit NÖRDLICH!
- Verzögerung (Steigflug):
  Anzeige zu weit SÜDLICH!

OSTKURS:
- Kurve nach rechts in Richtung SÜD:
  Zuerst kein Fehler! Anzeige eilt dann aber vor!
  ÜBERKURVEN!
- Kurve nach links in Richtung NORD:
  Zuerst kein Fehler! Anzeige bleibt dann aber zurück!
  VORHER AUSLEITEN!
- Beschleunigung (Sinkflug):
  Anzeige zu weit NÖRDLICH!
- Verzögerung (Steigflug):
  Anzeige zu weit SÜDLICH!

Anmerkung: Um den durch die Neigung entstehenden Anzeigefehler möglichst gering zu halten, sollte die Schräglage in der Kurve immer so gewählt werden, daß sich daraus eine Standardkurve ergibt (siehe Band 3, Seite 41/42).
In keinem Fall jedoch sollte die Schräglage 18° überschreiten! Also immer flach kurven!

Der Magnetkompaß weist auch bei böigem Wetter Fehlanzeigen durch **Schwingungen** der Kompaßrose auf, die ein genaues Kurshalten sehr erschweren. Bei solchen Wetterlagen hat es sich bewährt, die 'mittlere Anzeige' des Kompasses zu verwenden.

***Merke: Ein genaues Ablesen der Magnetkompaßanzeige - z.B. zum Ein- oder Nachstellen des Kurskreisels - ist nur (bei ruhigem Wetter) im unbeschleunigten Horizontalflug möglich!***

## 6.0 **Grundlagen der Koppelnavigation** (Basic Dead Reckoning Navigation)

In den vorhergehenden Kapiteln haben wir gelernt, wie man den **r**echt**w**eisenden **K**urs = rwK (engl.: **t**rue **c**ourse = TC) - auch 'Kartenkurs' genannt - aus der **Luftfahrtkarte** entnimmt und wie man Kurse mit der **O**rts**m**ißweisung = OM (oder VAR= variation) und der Kompaßablenkung (oder DEV = Deviation) 'beschickt'.

**Einen wichtigen Faktor** in der Flugnavigation - nämlich den ***Einfluß des Windes*** - haben **wir dabei jedoch** noch nicht berücksichtigt.

### 6.1 Der Einfluß des Windes auf ein Flugzeug

**Würden die** Luftmassen der Atmosphäre in absoluter Ruhe verharren - sich also nicht über die Erdoberfläche hinweg bewegen - so hätten wir überall auf der Erde Windstille und die Flugnavigation wäre eine relativ leichte Angelegenheit. Der Flugzeugführer könnte sein Flugzeug nur unter Berücksichtigung der Ortsmißweisung (OM/VAR) und der Deviation (DEV) **auf jedem gewünschten** Kurs von A nach B steuern und brauchte für die Berechnung der **voraussichtlichen Ankunftszeit (engl.: e**stimated **t**ime of **a**rrival = ETA) und für Standortbestimmungen auf der Flugstrecke nur die **wahre Eigengeschwindigkeit** des Flugzeugs = ***Ve*** (engl.: **t**rue **a**irspeed = TAS) heranzuziehen.

Diese eben geschilderte Situation finden wir aber nur äußerst selten in der Atmosphäre vor, in der wir uns mit unserem Flugzeug bewegen müssen. Die Luftmassen befinden sich fast immer auf der Wanderschaft, das heißt, sie bewegen sich mit einer bestimmten Geschwindigkeit und in einer bestimmten Richtung über die Erdoberfläche hinweg. Diese Bewegung der Luft über die Erdoberfläche hinweg wird als ***Wind*** bezeichnet **(siehe Band 2, 'Flugwetterkunde', 10.0 'Der Wind').**

Wenn man sagt: 'Wir haben Nordwind mit 20 Knoten', so meint man damit, daß sich die Luft **aus** Richtung **Nord (aus 360°)** in Richtung **Süd** mit einer Geschwindigkeit von 20 Knoten (20 NM/h) über die Erdoberfläche bewegt. Der Wind wird in der Flugnavigation immer als sogenannter ***'Windvektor'*** mit der **Richtung in Grad** (aus der er weht) und der **Geschwindigkeit in Knoten (KT)** angegeben.

Für unser eben erwähntes Beispiel (Nordwind mit 20 Knoten) würde das wie folgt aussehen:

***360 / 20 (Wind aus 360° mit 20 Knoten)***

● Das Symbol für den **Windvektor (engl.: w**ind **v**elocity = W/V) - der sich aus der Windrichtung und der Windgeschwindigkeit zusammensetzt **(siehe 6.2, 'Das Winddreieck')** ist - bei graphischer Lösung von Navigationsaufgaben - so:

Doch wie wirkt sich der Wind nun auf ein Flugzeug im Fluge aus?

Bleiben wir bei unserem **Nordwind mit 20 Knoten (W/V 360/20)!** Ein Ballon oder eine Wolke würde von dieser sich nach Süden bewegenden Luftmasse in einer Stunde um 20 NM nach Süden getragen werden. Ein **Flugzeug**, das in dieser sich fortbewegenden Luftmasse fliegt, wird in gleicher Weise beeinflußt! Nur müssen wir hier bedenken, daß das Flugzeug sich außerdem - durch seinen eigenen Vortrieb - innerhalb der von Nord nach Süd wandernden Luftmasse fortbewegt. Deshalb wird das Flugzeug nach einer Stunde Flugzeit einen **Standort (engl.: position)** erreichen, der aus einer Kombination dieser **beiden** Fortbewegungen resultiert, also der **Bewegung der Luftmasse** in Bezug auf die Erdoberfläche und der **Vorwärtsbewegung des Flugzeugs innerhalb der Luftmasse** aus eigenem Antrieb.

Diese beiden Bewegungen sind natürlich voneinander unabhängig. Für den Flug des Flugzeugs durch die Luft spielt es keine Rolle, ob die Luft sich fortbewegt oder ruht (Windstille) - ausgenommen bei Start und Landung! Ein Flugzeugführer, der mit seinem Flugzeug in einem Sturm mit beispielsweise 50 Knoten Windgeschwindigkeit fliegt, kann den Wind - ausgenommen die mögliche Turbulenz - gar nicht wahrnehmen, es sei denn, er beobachtet die Erdoberfläche.

In Bezug auf die Erdoberfläche bewegt sich das Flugzeug dann

- *bei Rückenwind (engl.: tailwind) schneller über Grund*

und

- *bei Gegenwind (engl.: headwind) langsamer über Grund*

als Fahrt gegenüber der umgebenden Luft (wahre Eigengeschwindigkeit = *Ve* / **t**rue **a**ir**s**peed = TAS) gemacht wird.

In der folgenden Abbildung (**74 a**) fliegt ein Flugzeug mit einer *Ve / TAS* von 120 KT bei **Windstille** in Richtung Osten (rwSK/TH 090°)

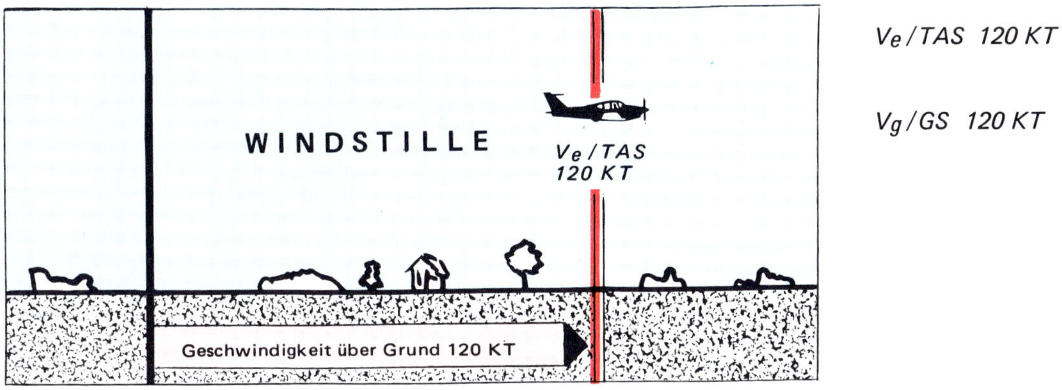


**Abb. 74 a Windstille**

Die *Geschwindigkeit über Grund = Vg (engl.: ground speed = GS)* entspricht in diesem Fall genau der *wahren Eigengeschwindigkeit (Ve / TAS)* des Flugzeugs gegenüber der Luft! Es gilt daher

- *Bei WINDSTILLE Ve / TAS = Vg / GS*

In der nächsten Abbildung (**74 b**) fliegt das Flugzeug ebenfalls mit einer *Ve / TAS* von 120 KT in Richtung Osten (rwSK / TH 090°). Es herrscht aber ***Westwind*** mit einer Geschwindigkeit von 20 KT *(W/V 270/20)*.

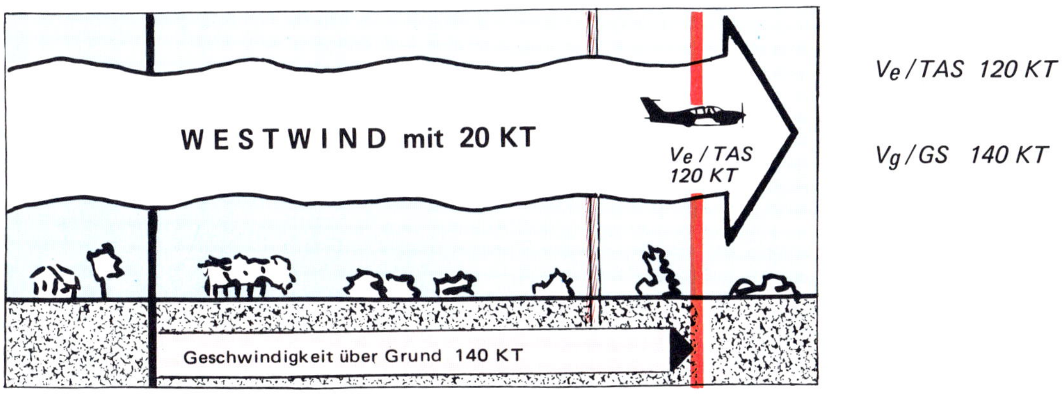


**Abb. 74 b Westwind (W/V 270/20)**

Die **wahre Eigengeschwindigkeit** des Flugzeugs gegenüber der Luft *(Ve / TAS)* wird von diesem Wind nicht beeinflußt, aber die **Geschwindigkeit über Grund** *(Vg / GS)* wächst um den Betrag der Windgeschwindigkeit (engl.: *windspeed = WS*) dieses Rückenwindes (engl.: tailwind) an:

- *Ve / TAS 120 KT + WS 20 KT = Vg / GS 140 KT*

In der nun folgenden Abbildung (Abb. 74 c) fliegt das Flugzeug wieder mit einer ***Ve/TAS*** von 120 KT in Richtung Osten ***(rwSK/TH 090°)***. Der Wind weht diesesmal mit einer Windgeschwindigkeit ***(WS)*** von 20 KT aus **Osten** ***(W/V 090/20)***. Es herrscht also ***Ostwind!***

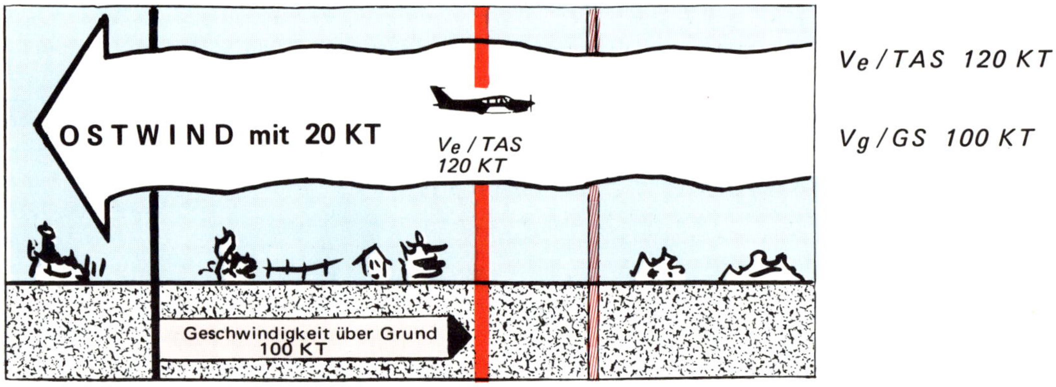


**Abb. 74 c Ostwind (W / V 090 / 20)**

Die **wahre Eigengeschwindigkeit** des Flugzeugs ***(Ve/TAS)*** wird auch hier nicht vom Wind beeinflußt, aber die **Geschwindigkeit über Grund** ***(Vg /GS)*** verringert sich um den Betrag der Windgeschwindigkeit ***(WS)*** dieses Gegenwindes (engl.: headwind):

- ***Ve/TAS 120 KT – WS 20 KT = Vg/GS 100 KT***

Die blau (unterlegten) Formeln zur Ermittlung der ***Geschwindigkeit über Grund (Vg/GS)***

- ***bei RÜCKENWIND: Vg/GS = Ve/TAS + WS***

und

- ***bei GEGENWIND: Vg/GS = Ve/TAS – WS***

können in der Praxis auch dann noch angewendet werden, wenn der Wind nicht ganz genau von hinten oder vorne auf den rechtweisenden Kurs ***(rwK/TC)*** einfällt. Die Abweichung darf jedoch seitlich (von vorne oder von hinten) höchstens ± 15° betragen!

Bei ***Seitenwind (engl.: crosswind)*** sieht die Sache etwas anders aus. Das in Abb. 75 a gezeigte Flugzeug fliegt mit einer **TAS von 120 KT** und einem **TH von 090°** bei ***Nordwind mit 20 KT (W/V 360/20)*** in Richtung Osten.

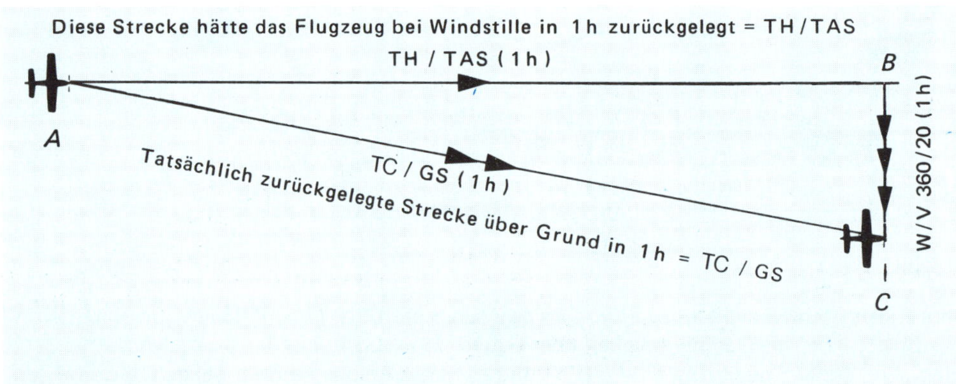


**Abb. 75 a Seitenwindeinfluß auf ein Flugzeug im Fluge**

Bei absoluter **W i n d s t i l l e** würde das Flugzeug nach e i n e r Stunde Flugzeit aufgrund seiner **wahren Eigengeschwindigkeit** von 120 KT *(120 KT/TAS)* und des **rechtweisenden Steuerkurses** von 090° *(TH 090°)* Punkt *B* erreichen, der genau 120 NM **ÖSTLICH** von Punkt *A* liegt.
Die S t r e c k e von *A nach B* zeigt uns also

die **R i c h t u n g** = *TH* und die **E n t f e r n u n g** = *TAS*
die das Flugzeug bei **Windstille** in einer Stunde zurückgelegt hätte!

In diesem Zusammenhang m e r k e:

- ***Bei W i n d s t i l l e sind TC/TH und TAS/GS g l e i c h e Größen!***
  ***Das Symbol für TH/TAS in der Flugnavigation ist - bei graphischer L ö s u n g von Navigationsaufgaben*** *TH/TAS* ——▶——

Da aber während des gesamten Zeitraums **(1 h)** der W i n d aus 360° mit 20 Knoten *(W/V 360/20)* - also von **links** - auf das sich mit *120 KT TAS* nach OSTEN *(TH 090°)* fortbewegende Flugzeug einwirkt, fliegt es n i c h t nach *B* , sondern erreicht nach einer Stunde Punkt *C*, der genau 20 NM s ü d l i c h oder 'R E C H T S' von Punkt *B* liegt!
Was ist hier geschehen? – Ganz einfach:
Während sich das Flugzeug eine Stunde lang mit einer wahren Eigengeschwindigkeit von 120 KT gegenüber der Luft nach O S T E N *(TH 090°)* bewegte, wurde es g l e i c h z e i t i g von der sich mit 20 KT nach Süden bewegenden Luft – in der es ja fliegt – **um 20 NM nach RECHTS (SÜDEN) versetzt!** Die Luftmasse hat das Flugzeug also 'mit sich getragen'.
Die w a h r e E i g e n g e s c h w i n d i g k e i t des Flugzeugs **(TAS)** wird auch hier n i c h t vom Wind beeinflußt - sie bleibt immer gleich! Wie aber verhält es sich jetzt mit der ***Geschwindigkeit über Grund*** *($V_g$/GS)?*
Auch wieder ganz einfach:
Die S t r e c k e von *A nach C* muß man sich als 'R e s u l t i e r e n d e' aus den S t r e c k e n von *A n a c h B* und von *B nach C* vorstellen! Sie zeigt uns

die **R i c h t u n g** = *TC* und die **E n t f e r n u n g** = *GS*,
die unser Flugzeug in einer Stunde über Grund zurücklegt!

- ***Das Symbol für TC/GS in der Flugnavigation ist - bei graphischer L ö s u n g von Navigationsaufgaben*** *TC/GS* ——▶▶——

Durch **Windeinfluß** von LINKS oder von RECHTS wird das Flugzeug - wie wir gesehen haben - s e i t l i c h versetzt. Diese **seitliche Versetzung** wird in der Flugnavigation bezeichnet als

- *A b t r i f t (engl.: **D r i f t A ngle = DA**)*

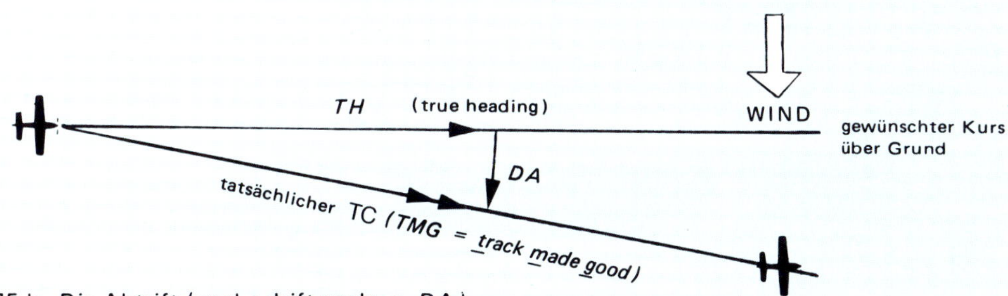


Abb. 75 b Die Abtrift (engl.: drift angle = DA)

***Merke: Als Abtrift oder Abtriftwinkel (engl.: drift angle = DA) wird der Winkel zwischen TH und TC / TMG bezeichnet!***

- Kommt der **Wind von links**, so wird das Flugzeug **nach RECHTS versetzt** !
- Kommt der **Wind von rechts**, so wird das Flugzeug **nach LINKS versetzt** !

Will man nun bei Seitenwind einen gewünschten Kurs über Grund *(TC)* einhalten, so muß der Einfluß des Windes ausgeschaltet werden. Das wird bewerkstelligt, indem man das Flugzeug ungefähr um den Betrag des Abtriftwinkels *(DA)* 'in den Wind dreht'! Dieser 'Vorhaltewinkel' gegen den Wind heißt

- *Luvwinkel (engl.: **W**ind **C**orrection **A**ngle = **WCA**)*

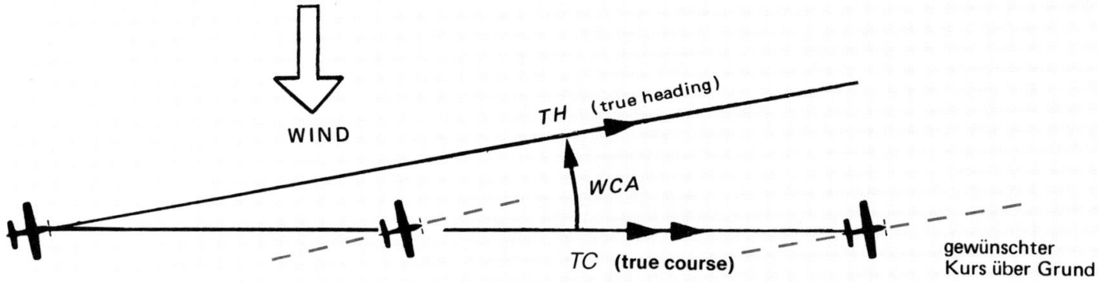


Abb. 75 c Der Luvwinkel oder 'Vorhaltewinkel' (engl.: wind correction angle = WCA)

Es ist leicht verständlich, daß bei **Windeinfluß von LINKS** (oder **Abtrift nach RECHTS**) das Flugzeug nach **LINKS** vorgehalten werden muß!
Wirkt der **Wind von RECHTS** auf das Flugzeug ein, so muß natürlich **nach RECHTS** vorgehalten werden, um auf dem gewünschten Kurs über Grund *(TC)* zu bleiben.

Genau so können wir sagen:

- *Wind von LINKS – Luvwinkel MINUS (WCA –)*
- *Wind von RECHTS – Luvwinkel PLUS (WCA +)*

oder

- *Abtrift nach RECHTS – Vorhalten nach LINKS (WCA –)*
- *Abtrift nach LINKS – Vorhalten nach RECHTS (WCA +)*

Bevor wir uns nun im folgenden Unterabschnitt (6.2) ausführlich mit dem sogenannten ***Winddreieck*** beschäftigen, das nichts weiter als eine einfache graphische (vektorielle) Darstellung des Windeinflusses auf ein Flugzeug im Fluge ist, wollen wir das bisher Gelernte noch einmal kurz zusammenfassen. Abbildung 76 zeigt uns den Einfluß eines Windes aus

- *270° (WEST) mit 20 KT (W/V 270/20)*

auf vier Flugzeuge, die mit um 90° voneinander abweichenden rechtweisenden Steuerkursen *(TH)* fliegen.

Sie sollten selbst einmal versuchen, die folgenden Fragen zu beantworten:

1. Wie wird die ***GS (Geschwindigkeit über Grund)*** vom Wind beeinflußt?
2. Welchen Einfluß hat der Wind auf den ***rechtweisenden Kurs über Grund (TC/TMG)***?

Jedes Flugzeug fliegt von dem Flughafen in der Mitte des Kreises (✪) mit seinem *TH (rwSK)* eine Stunde lang mit der gleichen ***TAS*** in die dargestellten Richtungen.

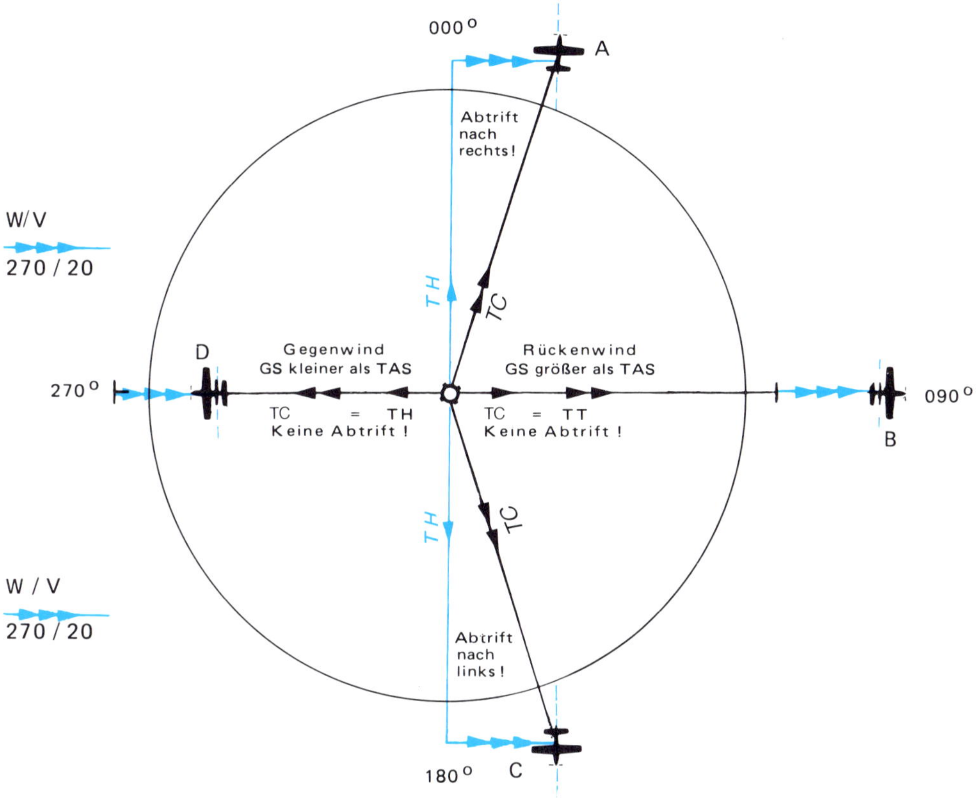


Abb. 76 **Der Einfluß des Windes auf Flugzeuge, die in entgegengesetzten Richtungen fliegen**

Will der Flugzeugführer einen **bestimmten** *TC* (rechtweisenden Kurs über Grund) **bei Windeinfluß einhalten**, - das ist in der fliegerischen Praxis fast immer der Fall - dann muß er seinen *TH* (rwSK) so festlegen, daß der Windeinfluß ausgeschaltet wird.
Wird das Flugzeug durch den Wind z. B. nach rechts abgetrieben (Abtrift nach RECHTS), so muß nach LINKS gegen den Wind - also 'luvwärts' - vorgehalten werden! Der sich dabei ergebende Winkel zwischen dem *TC* und dem *TH* heißt

- *Luvwinkel oder Vorhaltewinkel (engl.: wind correction angle = WCA)*

Im eben erwähnten Beispiel (Abtrift nach RECHTS - Vorhalten gegen den Wind nach LINKS) wird der *TH* (rwSK) kleiner als der *TC* (rwK), weil der *WCA* (Luvwinkel) - in entgegengesetzter Richtung zur Abtrift - vom *TC* (rwK) SUBTRAHIERT (ABGEZOGEN) werden muß ***(WCA –)***!

In der nächsten Abbildung muß der Flugzeugführer des Flugzeugs **A** genau das tun, was wir gerade kurz abgehandelt haben, um auf dem **gewünschten** *TC* (rwK) zu verbleiben:

- *Abtrift nach RECHTS, wenn er nichts gegen den Windeinfluß unternehmen würde!*
- *Deshalb nach links vorhalten - WCA MINUS (–) - um den gewünschten TC (rwK) einhalten zu können!*

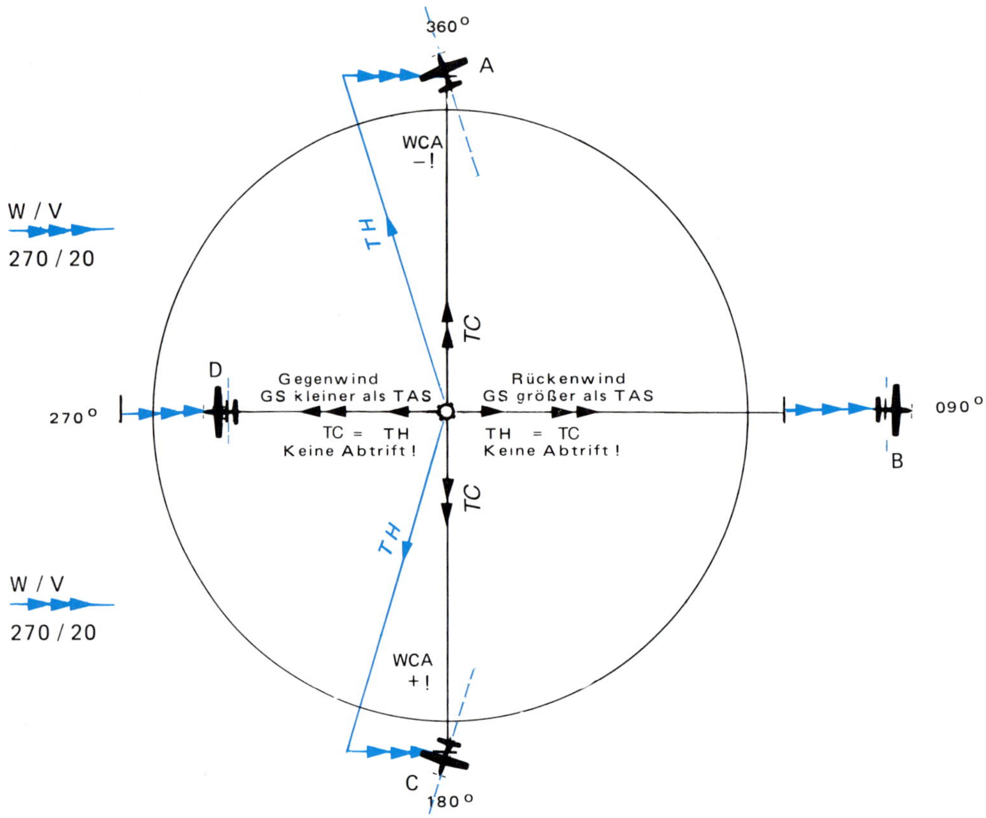


Abb. 77 **Der Luvwinkel (WCA = wind correction angle) für Flugzeuge, die in entgegengesetzte Richtungen fliegen**

***Merke: WCA oder DA (Luvwinkel oder Abtriftwinkel) haben den Wert NULL (0°), wenn das Flugzeug in absolut ruhiger Luft (Windstille) oder mit Rückenwind / Gegenwind fliegt!***

## 6.2 Das Winddreieck zur Lösung von Navigationsaufgaben

### 6.2.0 Allgemeines

Das Winddreieck - eine einfache vektorielle Darstellung des Windeinflusses auf ein Flugzeug im Fluge - wird in der flugnavigatorischen Praxis vor allem zur Lösung folgender Aufgaben verwendet :

- ***Festlegung des rechtweisenden Steuerkurses (TH / rwSK)***
- ***Bestimmung der Geschwindigkeit über Grund (GS / Vg)***
- ***Berechnung der Flugzeit von A nach B***

Es wird sowohl vom Flugschüler als auch vom erfahrenen Linienflugzeugführer zur Lösung von Navigationsaufgaben herangezogen - sei es für einen einfachen Überlandflug nach Sichtflugregeln (VFR) oder für einen komplizierten Flug nach Instrumentenflugregeln (IFR) ohne Sicht nach außen.

Ein häufig fliegender Flugzeugführer kann sich mit den Grundlagen des Winddreiecks im Laufe der Zeit so vertraut machen, daß er in der Lage ist, grobe Schätzungen mit ausreichender Genauigkeit für einen Sichtflug zu machen, ohne das Winddreieck wirklich zu zeichnen.

Der Flugschüler jedoch muß sich erst einmal die Fähigkeiten aneignen, das Winddreieck zu konstruieren um es dann als Hilfsmittel zum vollen Verständnis des Windeinflusses auf ein Flugzeug im Fluge anzuwenden.

### 6.2.1 Die Vektoren des Winddreiecks

In der Flugnavigation sind viele Aufgaben zu lösen die mit Richtungen und Geschwindigkeiten zusammenhängen. Im **Winddreieck** passen die verschiedenen **Richtungen (TH und TC)** und die verschiedenen **Geschwindigkeiten (TAS und GS)** immer als **'ein Paar'** zusammen. Auch die Windrichtung und die Windgeschwindigkeit bilden ein solches 'Paar' im Winddreieck. Diese „Paare" werden im Winddreieck als 'Vektoren' dargestellt.

In der **Mathematik** versteht man unter dem Begriff 'VEKTOR' eine Größe, der eine bestimmte Richtung zukommt (z.B. Kraft, Geschwindigkeit usw.).

*Merke: Spricht man in der Flugnavigation von einem 'VEKTOR', so meint man damit das Maß der Veränderung des Standorts (engl.: position) in einer bestimmten Richtung!*

Wir haben schon besprochen, daß der **Wind** immer mit seiner **Richtung** (aus der er weht) und der **Geschwindigkeit** *(W/V)* angegeben werden muß - niemals als Richtung oder Geschwindigkeit allein.

Die drei verschiedenen Richtungen und Geschwindigkeiten des Winddreiecks gehören - wie wir ebenfalls schon wissen - in folgender Weise als 'Paar' - oder wie wir jetzt sagen: als 'VEKTOR'! - zusammen:

- *TH (rwSK)* bildet mit der *TAS ($V_e$)* einen *VEKTOR!*
- *TC (rwK)* und *GS ($V_g$)* bilden einen *VEKTOR!*
- *Windrichtung (WD = wind direction)* und *Windgeschwindigkeit (WS = wind speed)* bilden einen *VEKTOR!*

Wir wissen auch, daß der Wind uns die meisten Schwierigkeiten in der Flugnavigation bereitet. Der Windeinfluß kann durch Vorhalten gegen den Wind *(WCA/Luvwinkel)* ausgeschaltet werden. Aber um wieviel Grad sollen wir gegen den Wind vorhalten, um auf dem *gewünschten TC (rwK)* zu verbleiben? – Wie verändert sich die Geschwindigkeit über Grund (GS) zur wahren Eigengeschwindigkeit des Flugzeugs gegenüber der Luft *(TAS)*, wenn wir das Flugzeug 'in den Wind drehen'?

Diese Fragen können wir nur dann genau beantworten, wenn wir die aus der Mathematik bekannte Methode der 'VEKTOR-Rechnung' zu Hilfe nehmen. Das bedeutet für uns, daß wir die bekannten VEKTOREN (oder Teile davon) so im Winddreieck zusammenfügen (zusammenschieben) müssen, daß sich die unbekannten Größen daraus ergeben!

Bevor wir nun zur **Konstruktion eines Winddreiecks** übergehen, müssen noch einige wichtige Grundsätze geklärt werden.

Ein **VEKTOR** wird auf einem Blatt Papier durch eine **gerade Linie** dargestellt. Die **Richtung dieser Geraden** (des Vektors) wird als **Winkel** angegeben, der von rechtweisend Nord *(rwN/TN)* aus im Uhrzeigersinn gemessen wird, während man die **Größe des VEKTORs** (der Geschwindigkeit) durch die **Länge der Geraden** in irgendeinem Maßstab angibt (z.B. 1 NM oder 1 KT = 1 mm).

*Merke: Alle Vektoren müssen im selben Maßstab gezeichnet werden!*

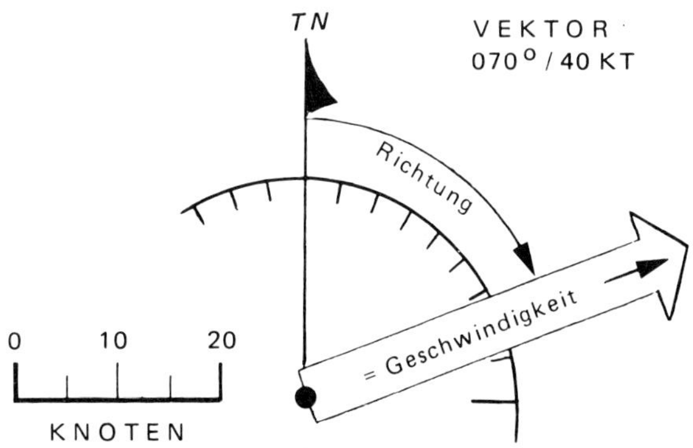


Abb. 78 Ein Vektor besteht aus Größe und Richtung einer Geschwindigkeit (oder Kraft)

## 6.2.2 Konstruktion eines Winddreiecks — Bestandteile, Symbole und Bezeichnungen

Ein Winddreieck - die vektorielle Darstellung des Windeinflusses auf ein Flugzeug im Fluge - besteht, wie wir schon wissen, aus drei VEKTOREN, die in folgender Weise zu einem **Dreieck** zusammengefügt werden:

**I.** Wir zeichnen zuerst eine Gerade, die uns die **Richtung** und die **Geschwindigkeit des Flugzeugs** in einer Luftmasse anzeigt *(TH und TAS)*. Der sich daraus ergebende VEKTOR heißt

- ***TH/TAS - VEKTOR*** Symbol: *TH/TAS (A/V)*

  ***–auch Steuerkurs-VEKTOR (engl.: air vector = A/V) genannt!***

Er gibt uns die wahre Eigengeschwindigkeit des Flugzeugs gegenüber der Luft ***(TAS/Ve)*** in Richtung der Flugzeuglängsachse (des Steuerkurses) an!
Da alle Vektoren des Winddreiecks im gleichen Maßstab gezeichnet werden müssen, ist es jetzt an der Zeit, für die Zeichnung einen geeigneten Maßstab festzulegen. Wir empfehlen das Verhältnis **1 Knoten (NM) = 1 mm.** Dieser Maßstab eignet sich besonders gut für das Papierformat DIN A 4.

**II.** Unter Verwendung des gleichen Maßstabs, den wir für den Steuerkursvektor ausgewählt haben, verbinden wir nun den Anfang des Wind-VEKTORs ***(W/V)*** mit der Spitze (dem Ende) des Steuerkurs-VEKTORS ***(TH/TAS-VEKTOR oder A/V).***
Von diesem Punkt aus zeichnen wir eine Gerade, die der Windrichtung ***(WD)*** und der Windgeschwindigkeit ***(WS)*** entspricht. Der so entstandene zweite VEKTOR des Winddreiecks heißt

- ***Wind-VEKTOR (W/V) (engl.: wind vector)***

  Symbol: *W/V*

Er gibt uns die Windrichtung ***(WD)*** und die Windgeschwindigkeit ***(WS)*** - auch Windstärke genannt - an.

> ***Merke in diesem Zusammenhang: 'Der Wind weht immer vom TH (rwSK) zum TC (rwK)!'***

Dieser Merksatz soll zum Ausdruck bringen, daß der Wind-VEKTOR immer vom ***TH/TAS-VEKTOR (A/V)*** aus 'leewärts' abgesetzt werden muß.

**III.** Jetzt zeichnen wir eine Gerade, die den Anfang des Steuerkurs-VEKTORS ***(TH/TAS-VEKTOR oder A/V)*** mit dem Ende (der Spitze) des Wind-VEKTORs ***(W/V)*** verbindet **(siehe Abb. 79 auf der folgenden Seite).**
Diese Gerade ist die ***RESULTIERENDE*** aus den beiden zuerst gezeichneten VEKTOREN (*TH/TAS-VEKTOR* und *Wind-VEKTOR*)! Sie zeigt uns die **Richtung und die Geschwindigkeit des Flugzeugs über Grund** (über der Erdoberfläche) - also den *TC* ***(rwK)*** und die ***GS (Vg).*** Aus diesem Grund heißt dieser VEKTOR, der sich aus den beiden anderen ergibt (daraus resultiert)

- ***TC/GS – VEKTOR, auch 'Kurs über Grund'– VEKTOR (engl.: Ground Vector = G/V) genannt!***

  Symbol: *TC/GS (G/V)*

Er gibt uns die Geschwindigkeit des Flugzeugs über Grund ***(GS/Vg)*** in Richtung des Kurses über Grund ***(TC/rwK)*** an!

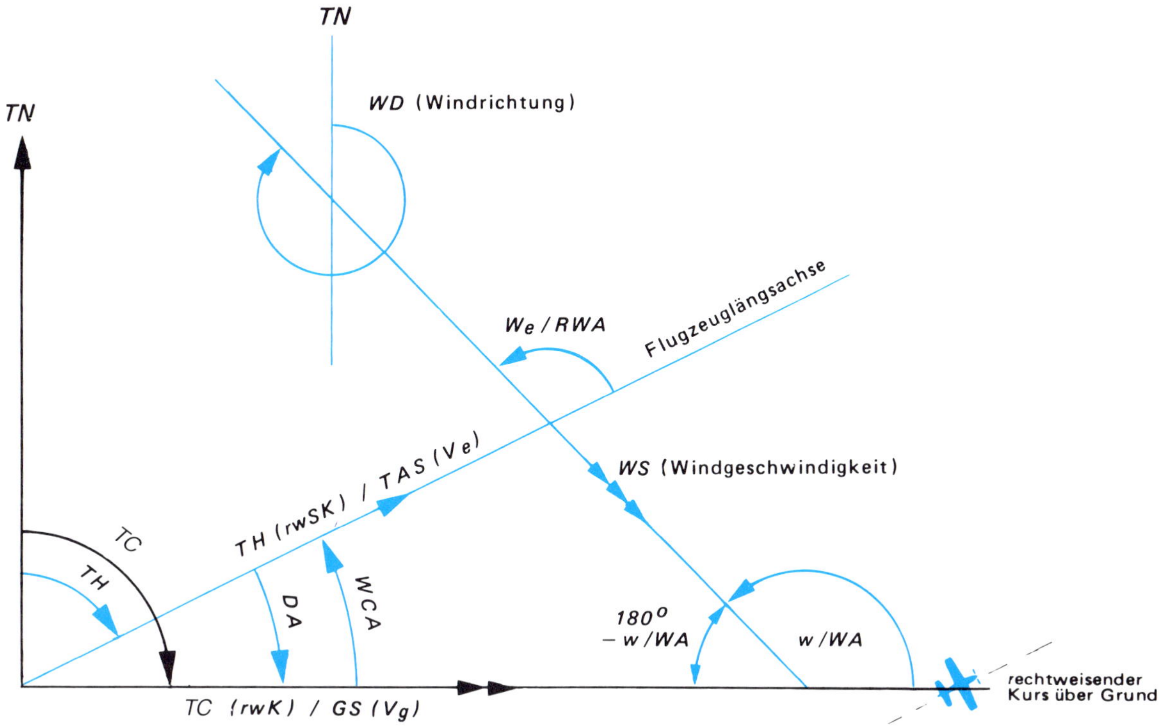


Abb. 79 **Die Bestandteile des Winddreiecks, Symbole und Bezeichnungen**

Und nun zu den anderen Bezeichnungen des Winddreiecks, von denen wir einige schon kennen. Sie werden alle durch eine kurze Begriffsbestimmung (soweit erforderlich) erläutert.

Ein Winddreieck besteht aus sechs verschiedenen Größen, die uns schon wie folgt bekannt sind:

- die **drei Geschwindigkeiten**:
  *TAS / Ve, GS / Vg und die Windgeschwindigkeit - WS (= wind speed)*

und

- die **drei Richtungen**:
  *TH / rwSK, TC / rwK und die Windrichtung - WD (= wind direction)*

Im **Windbereich** des Dreiecks werden **drei Winkel** gebildet, von denen wir den ersten schon kennen:

**I.** Der Winkel zwischen *TH / rwSK* und *TC / rwK (oder TMG = track made good)* heißt ***Abtriftwinkel a/DA*** *(= drift angle)*
oder
***Luvwinkel - L/WCA*** *(= wind correction angle)*, wenn wir bewußt gegen den Wind vorhalten, um auf einem gewünschten *TC / rwK (rechtweisenden Kurs über Grund)* zu verbleiben.

**II.** Der Winkel zwischen *TH / rwSK* und der *Windrichtung - WD (= wind direction)* heißt *Windeinfallwinkel - we / RWA (= relative wind angle)*.

**III.** Der Winkel zwischen *TC / rwK (rechtweisender Kurs über Grund)* und der *Windrichtung - WD (= wind direction)* wird *Windwinkel - w / WA (= wind angle)* genannt.

Sind **vier** der erwähnten Größen des Winddreiecks bekannt, so lassen sich die anderen beiden der insgesamt sechs Größen entweder **zeichnerisch (graphisch)** auf einem Blatt Papier (auch auf der Karte) **oder mit dem Navigationsrechner** **(siehe 7.0 'Der Navigationsrechner')** leicht bestimmen.

Doch bevor wir dazu übergehen, wollen wir uns noch einige wichtige Merksätze einprägen, die Fehler bei der Konstruktion eines Winddreiecks weitgehend ausschließen:

***Merke:***

- ***TH/rwSK und TAS/$V_e$ gehören immer zum Steuerkurs-VEKTOR (TH/TAS-VEKTOR oder A/V)!***
- ***TC/rwK (rechtweisender Kurs über Grund) und GS/$V_g$ gehören immer zum 'Kurs über Grund'-VEKTOR (TC/GS-VEKTOR oder G/V)!***
- ***Der Wind versetzt das Flugzeug immer vom TH/rwSK zum TC/rwK (rechtweisender Kurs über Grund)!***
- ***Bei der Konstruktion eines Winddreiecks werden nur rechtweisende Richtungen angewendet, da auch die Richtung des Höhenwindes - den wir vor Antritt eines Fluges vom Flugwetterdienst einholen - auf rechtweisend Nord (TN/rwN) bezogen ist!***

Zum Abschluß noch eine Tabelle, die die deutschen Bezeichnungen den englischen gegenüberstellt. Der Einfachheit halber werden in den folgenden Abschnitten nur noch die englischen Abkürzungen verwendet, die sich in der internationalen Luftfahrt eingebürgert haben.

| Deutsche Bezeichnung | Abkürzung | Englische Bezeichnung | Abkürzung |
|---|---|---|---|
| Rechtweisender Kurs | *rwK* | True Course | *TC* |
| Rechtweisender Steuerkurs | *rwSK* | True Heading | *TH* |
| Windvektor | *W / V* | Wind Vector | *W / V* |
| Wahre Eigengeschwindigkeit | $V_e$ | True Airspeed | *TAS* |
| Geschwindigkeit über Grund | $V_g$ | Ground Speed | *GS* |
| Luvwinkel | *L* | Wind Correction angle | *WCA* |
| Abtrift | *a* | Drift Angle | *DA* |
| Windwinkel | *w* | Wind Angle | *WA* |
| Windeinfallwinkel | *we* | Relative Wind Angle | *RWA* |

Abb. 80 Deutsche und englische Bezeichnungen / Abkürzungen im Winddreieck

### 6.2.3 Die praktische Anwendung des Winddreiecks in der Flugnavigation zur Ermittlung des zu fliegenden Kompaß-Steuerkurses *(CH / KSK)*.

Bei der Vorbereitung eines Überlandfluges stehen uns immer folgende Navigationsdaten zur Verfügung:

- *TC (rwK)* vom Abflugort zum Zielort, den wir der Luftfahrtkarte entnehmen (mit dem Kursdreieck oder Kurslineal messen);
- ***Entfernung (Distanz)*** vom Abflugort zum Zielort, die wir ebenfalls der Luftfahrtkarte entnehmen (mit einem Stechzirkel oder Lineal messen);
- ***TAS ($V_e$)***, die wir dem Flughandbuch des Luftfahrzeugmusters für die ausgewählte Flughöhe und Reiseflugmotorleistung entnehmen **(siehe Band 3, 4.0 'Flugleistungen und Flughandbuch', Seite 86)**;
- ***Kraftstoffverbrauch pro Stunde***, den wir auch im Flughandbuch für die ausgewählte Flughöhe und Motorleistung finden **(siehe Band 3, Seite 86)**;
- ***W/V (Windrichtung und — Geschwindigkeit)*** vom Flugwetterdienst für die ausgewählte Flughöhe **(siehe Band 2, 14.4)**;
- ***VAR (OM = Ortsmißweisung)***, die wir den Isogonen auf der Luftfahrtkarte entnehmen;
- ***DEV (Kompaßablenkung)***, die wir auf der Deviationstabelle (in der Nähe des Magnetkompasses angebracht) finden.

Für die ordnungsgemäße navigatorische Durchführung des Fluges fehlen uns jetzt noch folgende wichtige Daten, die wir nur durch die **Zeichnung eines Winddreiecks (oder mit dem Navigationsrechner - siehe 7.8 'Graph. Lösungen von Dreiecksaufgaben')** ermitteln können:

- ***TH (rwSK), der uns garantiert, daß wir während des Fluges auf dem gewünschten*** *TC (rwK)* ***verbleiben (WCA + oder —)***

  und

- ***GS ($V_e$), die wir unbedingt zur Berechnung der Flugzeit vom Abflugort zum Zielort benötigen.***

Wie geht man nun vor, um diese fehlenden Werte zu ermitteln?
Anhand eines Beispiels wollen wir uns den Lösungsvorgang klarmachen:

| | | | | |
|---|---|---|---|---|
| **gegeben:** | *TC* | *080°* | **gesucht:** | *WCA ?* |
| | *TAS* | *120 KT* | | *TH ?* |
| | *W / V* | *310 / 30* | | *GS ?* |

LÖSUNGSVORGANG (Konstruktion des Winddreiecks):

- Wähle einen günstigen Maßstab für die Darstellung der einzelnen Vektoren aus, (DIN A 4 : 1 KT / NM = 1 mm)!
- Ziehe eine gerade Linie in Richtung des *TC (rechtweisender Kurs über Grund)* von 080° (Hilfsmeridian verwenden)!
- Trage nun von irgendeinem Punkt (den wir ***C*** nennen) auf der ***Grundkurslinie (= TC)*** den **Wind** mit Richtung und Geschwindigkeit ***(310/30)*** LUVWÄRTS - also in die Richtung, aus der der Wind weht - ab! (30 KT = 30 mm)
- Nimm einen Zirkel und schlage vom ***Endpunkt B des Windvektors*** aus einen Kreisbogen mit dem Radius der ***TAS*** (120 KT = 120 mm) auf die ***Grundkurslinie (= TC)!***
- Verbinde den sich daraus ergebenden Schnittpunkt ***A (Kreisbogen / TC)*** durch eine gerade Linie mit Punkt ***B***!

Das Winddreieck ist nun komplett **(siehe Darstellung auf der nächsten Seite!)**.

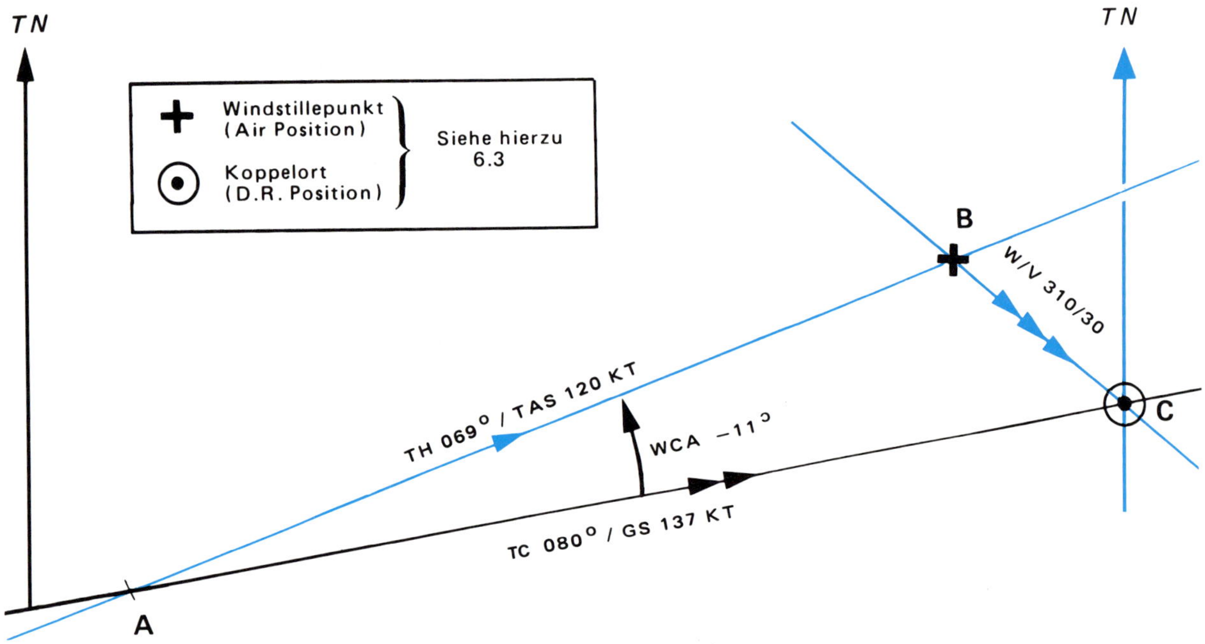


Abb. 81 Ermittlung von WCA, TH und GS mit dem Winddreieck

- ***Die Richtung und die Länge der Linie A B stellt den TH / TAS - VEKTOR (A / V) dar!***
- ***Der Winkel zwischen der Linie A C und der Linie A B ist der Luvwinkel = WCA!***
- ***Die Richtung und Länge der Geraden A C stellt den TC / GS - VEKTOR (G / V) dar!***

Jetzt können wir die beiden fehlenden Werte –

- ***TH (= TC ± WCA)*** und • ***GS*** – leicht ermitteln!

- Bestimme den Luvwinkel - WCA durch Messen des Winkels, den die Gerade AC mit der Geraden AB bildet! (Kursdreieck, Transporteur oder Winkelmesser verwenden)

***Ergebnis: WCA – 11°***

Der ermittelte ***WCA (– 11°)*** erhält das Vorzeichen MINUS ( – ), weil wir in diesem Beispiel nach LINKS gegen den Wind vorhalten - also kleiner steuern - müssen, um auf dem gewünschten *TC* zu bleiben.

| ***Deshalb:*** | *TC* | *080°* |
|---|---|---|
| | *WCA* | *– 11°* |
| | *TH* | *069°* |

***TH*** kann auch direkt ermittelt werden, indem man den **Winkel** mißt, den der ***TH/TAS-VEKTOR (A/V)*** mit dem Hilfsmeridian ***(TN)*** bildet!

- Die in **einer Stunde** zurückgelegte Strecke über Grund entspricht genau der ***GS (Geschwindigkeit über Grund).*** Diese Strecke wird durch die Länge des ***TC / GS - VEKTORs (G / V)*** dargestellt. Wir ermitteln also die ***GS***, indem wir die Länge dieses VEKTORs ***(Gerade A C)*** mit einem Lineal messen oder mit einem Stechzirkel abgreifen und dann messen.

***Ergebnis: 137 mm = GS 137 KT!***

Wir fassen die Lösung der vorangegangenen Aufgabe zusammen:

*TC* *080°*
*WCA − 11°*

*TH* *069°*
*GS* *137 KT*

Mit den schon bekannten Regeln der Anbringung der Ortsmißweisung – ***VAR*** – und der Deviation (Kompaßablenkung) – ***DEV*** – an den rechtweisenden Steuerkurs – ***TH*** – ist es nun ein Leichtes, den ***Kompaß-Steuerkurs – CH*** – zu errechnen **(siehe hierzu 5.0 'Der Magnetkompaß').**

Dazu bedienen wir uns eines bestimmten Rechenschemas, das häufig als 'Kursschema' bezeichnet wird. Dieses Schema sieht so aus:

| | | |
|---|---|---|
| *TC*<br>± *WCA* | true course<br>**w**ind **c**orrection **a**ngle | **Rechne:**<br>Wind von LINKS:<br>*WCA − (Minus)!*<br>Wind von RECHTS:<br>*WCA + (PLUS)!* |
| *TH*<br>± *VAR* | **t**rue **h**eading<br>**var**iation | *VAR West (−) : + (Plus)!*<br>*VAR East (+) : − (Minus)!* |
| *MH*<br>± *DEV* | **m**agnetic **h**eading<br>**dev**iation | *DEV West (−) : + (Plus)!*<br>*DEV East (+) : − (Minus)!* |
| = *CH* | **c**ompass **h**eading | |

Abb. 82 Das Kursschema - oder vom **TC zum CH**

Ergänzen Sie bitte zur Übung das folgende Kursschema - dessen Werte wir bis zum *TH* durch die Konstruktion des in Abb. 81 gezeigten Winddreiecks selbst ermittelt haben - unter der Annahme, daß die ***Ortsmißweisung (VAR) 4° W (oder −4°)*** und die ***Kompaßablenkung (Deviation) DEV 3° E (oder + 3°)*** beträgt!

*TC* *080°*
*WCA − 11°*

*TH* *069°*
*VAR* ......

*MH* ......
*DEV* ......

*CH* .........

## 6.3 Wichtige Bemerkungen zur Koppelnavigation

In der Flugnavigation werden wir immer mit der Lösung von drei Grundaufgaben konfrontiert:

- **Errechnen eines Kompaß-Steuerkurses (CH / KSK),** der das Flugzeug zum Zielort bringt.
- **Berechnen der Flugzeit,** um zu wissen, wann das Flugzeug einen bestimmten Punkt auf der Flugstrecke oder den Zielort erreicht.
- **Ständige Bestimmung des Standorts auf der Flugstrecke,** um zu wissen, wo man sich zur Zeit befindet.

Das Verfahren, mit dem wir diese Grundaufgaben der Navigation lösen können, heißt ***Koppelnavigation*** *(engl.: dead reckoning navigation oder D.R. navigation)*.
Zur Durchführung der Koppelnavigation benötigen wir folgende Grunddaten, ohne die eine Lösung der gestellten Aufgaben nicht möglich ist:

- ***Lage des Abflugortes*** auf der Erdoberfläche
- ***Richtung (oder Kurs) zum Zielort***
- ***Eigengeschwindigkeit des Flugzeugs*** gegenüber der Luft ***(TAS / $V_e$)***
- ***Höhenwind*** in der ausgewählten Reiseflughöhe vom Flugwetterdienst
- ***Länge der Flugstrecke (Distanz)*** vom Abflugort zum Zielort

Die erste dieser drei Grundaufgaben – Berechnung eines **Kompaß-Steuerkurses (CH / KSK)** vom Abflugort zum Zielort – können wir mit unseren bisher erworbenen Kenntnissen schon lösen **(siehe 6.2.3, 'Anwendung des Winddreiecks in der Flugnavigation').**
Auch die Bestimmung der Geschwindigkeit über Grund ***(GS 0 vg)* – siehe ebenfalls 6.2.3** –, die ja die Grundlage der Flugzeitberechnung ist, bereitet keine Schwierigkeiten mehr. Mit einer einfachen

- ***Zeit- Weg - Geschwindigkeitsformel***

die unter 6.3.1 ausführlich behandelt wird, werden die anderen beiden Grundaufgaben der Koppelnavigation - Berechnung der **Flugzeit** und **Standortbestimmung auf der Flugstrecke** — durch leichte mathematische Rechenoperationen gelöst (Multiplikation / Division).
In der Theorie ist das Koppelnavigationsverfahren als mathematisch genau zu betrachten. In der Praxis schleichen sich jedoch manchmal - zum Teil erhebliche - Fehler ein, die vor allem dem Windeinfluß zuzuschreiben sind. Der Höhenwind, den wir unseren Berechnungen zugrundelegen, wird von den Meteorologen des Flugwetterdienstes zwar recht genau vorhergesagt, er kann sich aber während des Fluges in Richtung und Stärke (= Geschwindigkeit) ändern, weil die Wetterlage, auf der die Höhenwindvorhersage beruhte, sich inzwischen geändert hat.
Andere Fehler ergeben sich aus einer ungenauen Flugzeugführung. Fliegt der Flugzeugführer z. B. einen um 5° falschen Kurs, so wird das Flugzeug nach 60 NM Flugstrecke 5 NM rechts oder links des gewünschten Kurses über Grund auskommen!
Wird die vorgesehene Eigengeschwindigkeit des Flugzeugs - ***TAS / $V_e$*** - nicht genau eingehalten (z. B. durch häufige Änderung des Anstellwinkels im Reiseflug!) dann verändert sich die berechnete Geschwindigkeit über Grund - ***GS / $V_g$*** - und somit auch die Flugzeit!

> ***Merke: Die Genauigkeit der Koppelnavigation ist grundsätzlich von der Genauigkeit der zur Verfügung stehenden Navigationsdaten abhängig!***

Trotz der vielen zuverlässigen Hilfsmittel, die heute in der Flugnavigation zur Anwendung kommen (z.B. Funknavigation; **siehe Band 4 B**), ist das **Koppelverfahren die Basis jeglicher Navigation** geblieben. Alle anderen Verfahren - wie Sichtnavigation und Funknavigation - sind als **Ergänzungsverfahren** zu betrachten, die die Koppelnavigation im wahrsten Sinne des Wortes ergänzen sollen.

### 6.3.1 Zeit-, Weg- und Geschwindigkeitsberechnungen und Kraftstoffverbrauchsberechnungen

Vor der Durchführung des ersten Überlandfluges muß der Flugzeugführer (Flugschüler) wissen, wie die **Flugzeit (= T)**, die zurückgelegte **Distanz (= D)** und die **Geschwindigkeit über Grund (= GS)** berechnet werden können.
Desweiteren muß er in der Lage sein, vor Antritt des Fluges die **erforderliche Kraftstoffmenge** zu kalkulieren. Alle diese Aufgaben werden mit einfachen mathematischen Rechenoperationen gelöst, die keinerlei Schwierigkeiten bereiten.

- **Umwandlung von Minuten in Stunden**

Da die Geschwindigkeit eines Flugzeugs in der Flugnavigation in Knoten (NM pro Stunde) ausgedrückt wird, ist es oft erforderlich, Minuten in den entsprechenden Stundenwert umzuwandeln, wenn Zeit-, Weg- oder Geschwindigkeitsaufgaben zu lösen sind.

Die Formel zur Umrechnung von Minuten *(min)* in den entsprechenden Stundenwert *(h)* lautet:

$$h = \frac{min}{60} \quad (60\ min = 1\ h)$$

**Beispiel:**

***Frage:*** Welchem Stundenwert entsprechen 42 Minuten? ***Lösung:*** $\frac{42}{60} = 0{,}7\ h$

Wollen wir Stunden in Minuten umwandeln, so verfahren wir umgekehrt:

$$min = h \times 60$$

**Beispiel:**

***Frage:*** Wieviel Minuten entsprechen 1,6 Stunden? ***Lösung:*** $1{,}6 \times 60 = 96\ min$

- **Berechnung der Flugzeit *(T)***

Um die Flugzeit zwischen zwei Orten auf der Erde zu ermitteln, muß die Distanz *(D)* zwischen den beiden Orten durch die Geschwindigkeit über Grund *(GS)* dividiert werden.

Die Formel zur Berechnung der Flugzeit lautet also:

$$Flugzeit\ (T) = \frac{D}{GS}$$

**Beispiel:**

Distanz *(D)* zwischen zwei Orten 120 NM. - Geschwindigkeit des Flugzeugs über Grund *(GS)* 80 KT.

***Frage:*** Welche Flugzeit *(T)* benötigt das Flugzeug für diese Strecke?

***Lösung:*** $\frac{120}{80} = 1{,}5\ h \times 60 = 90\ min$ *oder 1 h 30 min (01:30)*

- **Berechnung der Distanz *(D)***

Um die Distanz zu ermitteln, die ein Flugzeug in einer bestimmten Zeit (Flugzeit) zurücklegt, wird die Geschwindigkeit über Grund *(GS)* einfach mit der Flugzeit *(T)* multipliziert.

Die Formel lautet:

$$Distanz\ (D) = GS \times T$$

**Beispiel:**

Geschwindigkeit über Grund *(GS)* 110 KT - Flugzeit *(T)* 1 Stunde und 45 Minuten (01 : 45).

*Frage:* Welche Distanz *(D)* legt das Flugzeug in dieser Zeit zurück ?

*Lösung:* *110 x 1,75 = 192,5 NM*

Anmerkung: Der Wert 1,75 ergibt sich aus 1 h und den 45 min = 0,75 h !

- **Berechnung der Geschwindigkeit über Grund *(GS)***

Wollen wir die Geschwindigkeit über Grund ermitteln, so muß die Distanz *(D)* zwischen zwei bekannten Punkten auf der Strecke durch die dafür benötigte Flugzeit *(T)* dividiert werden.

Also lautet die Formel :

$$\text{Geschwindigkeit über Grund } (GS) = \frac{D}{T}$$

**Beispiel:**

Ein Flugzeug legt eine Distanz *(D)* von 315 NM in 3 Stunden zurück.

*Frage:* Wie groß ist die Geschwindigkeit über Grund *(GS)* ?

*Lösung:* $\frac{315}{3} = 105\,KT$

- **Kraftstoffbedarfsberechnungen**

Der Kraftstoffverbrauch eines Flugzeugs wird in 'Liter pro Stunde' *(l/h)* angegeben. Wollen wir den Kraftstoffbedarf für einen bestimmten Flug berechnen, so muß zuerst die voraussichtliche Flugdauer - ***EET (= estimated elapsed time)*** ermittelt werden. Dann wird die ***EET*** einfach mit dem Kraftstoffverbrauch pro Stunde - ***CPH (= consumption per hour)*** multipliziert und man erhält den Kraftstoffbedarf - ohne Reserve !

Die Formel zur Berechnung des Kraftstoffbedarfs ohne Reserve lautet also :

*Kraftstoffbedarf (ohne Reserve)* = *EET x CPH*

**Beispiel:**

Zu fliegende Distanz *(D)* 380 NM – Geschwindigkeit über Grund *(GS)* 120 KT – Kraftstoffverbrauch des Flugzeugs 35 l/h.

*Frage:* Wieviel Liter (Kraftstoffbedarf) müssen unter Berücksichtigung einer Reserve von 45 min getankt werden ?

*Zwischenrechnung - voraussichtliche Flugzeit (EET):*

(Formel: $\frac{D}{GS}$ ) Also - $EET = \frac{384}{120} = 3{,}2\,h$

Dieser ***EET (voraussichtliche Flugzeit)*** wird jetzt noch die Reserve von 45 Minuten ***(=0,75 h)*** hinzugerechnet : *3,2 + 0,75 = 3,95 h*

Nun können wir die Kraftstoffbedarfsrechnung für diesen Flug durchführen :

*Kraftstoffbedarf (mit 45 Minuten Reserve) = 3,95 x 35 = 138,25 Liter*

Zum Schluß des Themas 'Kraftstoffbedarfsberechnungen' noch einige lebenswichtige Empfehlungen des Luftfahrt-Bundesamtes (LBA) bezüglich des Mindestkraftstoffvorrats im Flugbetrieb:

Das Fliegen mit nicht ausreichendem Kraftstoffvorrat ist (insbesondere im Sport- und Privatflugbetrieb) häufig Unfall- oder Beinaheunfall-Ursache. Vermeide dieses Risiko für Dich und Andere! Beachte die Vorschrift (§ 29 LuftBO: Kraftstoff-Reserve für einen Flug zum vorgesehenen Ausweichflugplatz, mindestens aber für 30 Minuten Reiseflugzeit!

- Zu Überlandflügen mit vollen Kraftstoff-Tanks starten. Einzige Ausnahme: Gewichtsmäßige Beschränkungen!
- Bei Platzflügen volltanken, wenn Kraftstofftank bis auf ein Viertel entleert. Tankinhalt - womöglich - visuell prüfen, da Kraftstoff-Anzeigen ungenau sind und nur Anhalt bieten.
- Beim Flugzeugschlepp und bei Flügen von Anfängern können Schiebezustände eintreten, durch die - unter Umständen nur vorübergehend - die Kraftstoffzufuhr unterbrochen wird. Zur Vermeidung solcher Unterbrechungen genügend Kraftstoff in den Tanks halten!
- Besondere Sorgfalt ist geboten, wenn der Kraftstoff in mehreren Tanks untergebracht ist. Flughandbuch beachten inbezug auf Tankschaltung und Zusatzpumpen!

**Empfehlung:** 1/4 Tankinhalt durch Messung feststellen und kennzeichnen; z.B. durch Aufkleben oder Aufpinseln einer Lackierung an entsprechender Stelle. Hat der Kraftstoff diese Markierung erreicht, beginne keinen Flug mehr!

Die in diesem Kapitel besprochenen Berechnungen (Winddreieck, Zeit-, Weg- und Geschwindigkeitsberechnungen sowie Kraftstoffberechnungen) gehören zum Grund-Handwerkszeug des Flugzeugführers, mit deren Hilfe er die Koppelnavigation durchführen kann.

Alle diese Aufgaben können auch einfach und schnell mit einem **Navigationsrechner** (z. B. 'ARISTO-AVIAT') gelöst werden, dessen Anwendung in der Flugnavigation im Kapitel 7.0 ausführlich behandelt wird.

### 6.3.2 Windstillepunkt (Air Position), Koppelort (D.R. Position) und tatsächlicher Standort (Fix)

Die graphische Ermittlung eines Standorts mit dem Winddreieck unter angenommener Windstille hat einen scheinbaren Standort zum Ergebnis, den man bezeichnet als:

- ***Windstillepunkt (engl.: air position)***

| | | |
|---|---|---|
| *Symbol:* | *Windstillepunkt Air Position* | + |

Der Windstillepunkt ist also zu jeder Zeit während des Fluges ein scheinbarer Standort in Richtung des Steuerkurses (heading), der - entsprechend der *TAS/Ve* (wahre Eigengeschwindigkeit) unter der Annahme, daß Windstille herrscht, berechnet werden kann.

Bringt man an einem solchen Windstillepunkt (air position) den bis zu diesem Punkt errechneten Einfluß des Windes (Windvektor) an, so erhält man einen errechneten Standort, der in der Flugnavigation bezeichnet wird als:

- ***Koppelort (engl.: D.R. Position)***

| | | |
|---|---|---|
| *Symbol:* | *Koppelort D.R. Position* | ⊙ |

Der Koppelort (D.R. position) ist zu jeder Zeit während des Fluges der errechnete Standort über Grund, der sich daraus ergibt, daß die bis dahin erfolgte Windversetzung (Abtrift) an den Windstillepunkt (air position) angebracht wird.

Der **tatsächliche Standort über Grund (engl.: fix)** - z. B. durch Sicht- oder Funknavigation ermittelt - kann aufgrund der schon erwähnten Fehlerquellen der Koppelnavigation (z.B. unerwartete Windrichtungs- oder -geschwindigkeitsänderung) vom errechneten Koppelort (D.R. position) abweichen. Man bezeichnet den tatsächlichen Standort über Grund in der Flugnavigation durch das Symbol - welches so auch in die Karte eingezeichnet wird:

| | |
|---|---|
| *Tatsächlicher Standort über Grund*<br>*Fix (ground position)* |  |

Die in der Flugnavigation auftretenden Fehler summieren sich während des Fluges, wenn keine Gegenmaßnahmen getroffen werden. Hat sich der Flugzeugführer z. B. - wie vorher besprochen - um **5°** im zu fliegenden Steuerkurs geirrt, dann weicht der tatsächliche Standort über Grund (fix oder 'ground position') nach 60 NM Flugstrecke um **5 NM** und nach 300 NM zurückgelegten Flugweges schon um 25 NM vom Koppelort ab. Dieser Fehler reicht aus, um den Zielort total zu verfehlen! Deshalb gilt:

- ***Der errechnete Koppelort (D.R. position) muß während des Fluges mit anderen Navigationsverfahren (Sichtnavigation / Funknavigation) überprüft werden!***

Stimmt der tatsächliche Standort über Grund (fix oder 'ground position') nicht mit dem Standort (der Koppelnavigation) überein, an dem man sich eigentlich befinden sollte, so kann man bei seitlicher Versetzung vom Sollkurs über Grund *(TC/rwK)* leicht eine Kursverbesserung vornehmen mit der sogenannten

- ***1 : 60 REGEL (engl.: 1 : 60 rule)***

### 6.3.2.1 Kursverbesserungen nach seitlicher Versetzung mit der 1:60 Regel

Bei seitlicher Versetzung vom gewünschten Kurs über Grund (Kartenkurs) kann mit der eben erwähnten ***1 : 60 Regel*** während des Fluges ohne größeren Aufwand auf folgende Arten eine Kursverbesserung vorgenommen werden:

- **Kursverbesserung auf Parallelkurs** (siehe a.)
- **Kursverbesserung direkt zum Zielort hin** (siehe b.)

a) Kursverbesserung auf Parallelkurs

Dieses Verfahren wird angewendet, wenn die seitliche Versetzung gering ist und einwandfreie Sichtflugwetterbedingungen (VMC) herrschen. Mit dem **errechneten Kursverbesserungswinkel** dreht man unter solchen Voraussetzungen **parallel zum gewünschten Kurs über Grund** ***(TC / rwK, Kartenkurs)*** und fliegt dann solange parallel zum Kartenkurs, bis der Zielflugplatz querab in Sicht kommt. Die Formel zur Ermittlung des Verbesserungswinkels, der uns auf Parallelkurs bringt, lautet:

$$\text{Verbesserungswinkel auf Parallelkurs} = \frac{60 \times \text{seitliche Versetzung (NM)}}{\text{bereits geflogene Strecke (NM)}}$$

Beispiel : Seitliche Versetzung nach 40 NM beträgt 6 NM ! Noch zu fliegende Strecke zum Zielort 60 NM, Steuerkurs (TH) 085°

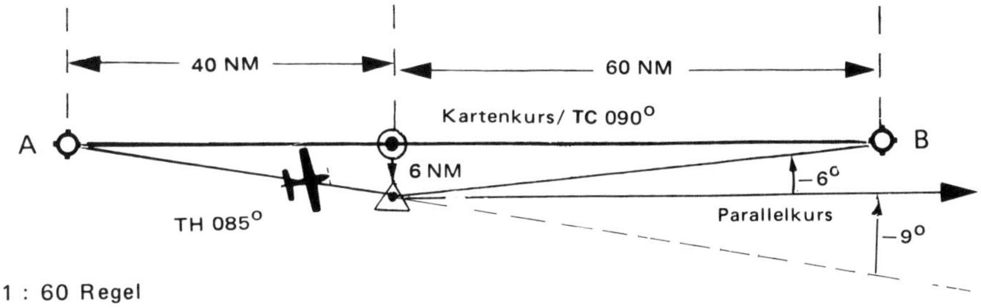


Abb. 83
Anwendung der 1 : 60 Regel

Unter Zuhilfenahme der Formel (siehe Vorseite) multiplizieren wir die seitliche Versetzung (6 NM) mit 60 und dividieren das Ergebnis dann durch die bereits geflogene Strecke. (40 NM).

*Lösung:* $\frac{60 \times 6}{40} = 9^o$

*Merke:* ***Bei Versetzung nach rechts : Verbesserungswinkel abziehen!***
***Bei Versetzung nach links: Verbesserungswinkel zuzählen!***

Der ermittelte Kursverbesserungswinkel (9°) muß in diesem Fall also vom Steuerkurs (TH = 085°) SUBTRAHIERT (ABGEZOGEN) werden, da die Versetzung nach rechts erfolgte.

- **Anstelle von bisher 085° steuern wir nunmehr ein *TH* von 076°, um auf Parallelkurs zu bleiben !**

b) Kursverbesserung direkt zum Zielort hin

Bei einer bekannten seitlichen Versetzung kann eine Kursverbesserung auch direkt zum Zielort hin vorgenommen werden. Dabei wird folgendermaßen verfahren :

- **Zuerst mit obiger Formel den Kursverbesserungswinkel auf Parallelkurs bestimmen!**
- **Restdistanz zum Zielort bestimmen !**
- **Dann mit folgender Formel den zusätzlichen Verbesserungswinkel ermitteln, der uns - mit dem zuerst ermittelten Verbesserungswinkel (auf Parallelkurs) zusammen! - direkt zum Zielort bringen wird :**

$$\textit{Zusätzlicher Verbesserungswinkel} = \frac{60 \times \textit{seitliche Versetzung (NM)}}{\textit{noch zu fliegende Strecke (NM)}}$$

Bleiben wir bei unserem Beispiel aus Abb. 83. Die seitliche Versetzung betrug 6 NM nach RECHTS, während die noch zu fliegende Restdistanz 60 NM ausmachte.

*Lösung:* $\frac{60 \times 6}{60} = 6^o$

- Beide Verbesserungswinkel müssen nun ADDIERT werden, um den GESAMTVERBESSERUNGS – WINKEL zu erhalten:

*Also:* $9^o + 6^o = 15^o$ = *GESAMTVERBESSERUNGSWINKEL*

Da die Versetzung nach RECHTS erfolgte, muß der Gesamtverbesserungswinkel vom Steuerkurs *(TH)* 085° SUBTRAHIERT (ABGEZOGEN) werden.

- **Neuer Steuerkurs *(TH)* direkt zum Zielort 070° !**

## 7.0 Der Navigationsrechner *(ARISTO AVIAT 613/617)*

**(Die Original-Abbildungen wurden uns freundlicher Weise vom Hersteller zur Verfügung gestellt)**

Die verschiedenen Navigationsrechner ***ARISTO-AVIAT*** sind vielseitig verwendbare Hilfsgeräte der Navigation, mit denen sich die meisten der in der navigatorischen Praxis vorkommenden Aufgaben lösen lassen. Die früher unter dem Namen 'KNEMEYER' bekannt gewordenen Instrumente sind für den Internationalen Flugverkehr weiterentwickelt worden.
Beim 'Aristo-Aviat' 613/617 ist die anschauliche graphische Lösung des Winddreiecks vorgesehen.

### 7.1 Die Vorderseite des Rechners

Außer der Berechnung der üblichen **Weg - Zeit -, Brennstoffverbrauchs- und Winddreiecksaufgaben** ermöglichen diese Computer mittels einfacher Einstellungen noch (soweit für Privatflugzeugführer interessant):

- Die Umwandlung von metrischen in angelsächsische Maßeinheiten (und umgekehrt)
- Die Umrechnung von Flüssigkeitseinheiten in Gewichtseinheiten (unter Berücksichtigung des spezifischen Gewichts)
- Besondere Skalen dienen der Umrechnung der 'wahren Eigengeschwindigkeit', der 'wahren Höhe' und der 'Dichtehöhe' **(siehe auch Band 3, Seiten 11/12 und 28/29)**

Mit Rücksicht darauf, daß der Navigationsrechner international verwendbar sein soll, daß die englische Sprache als eine der ICAO - Luftfahrtsprachen im Weltluftverkehr allgemein eingeführt ist und auch in Deutschland auf Logbuchvordrucken, in Streckenhandbüchern und im Flugsicherungskontrolldienst Anwendung findet, werden **englische Bezeichnungen** zur Skalenbeschriftung benutzt.

#### 7.1.1 Die Skalen **(siehe Abbildung 84)**

Der 'Aristo - Aviat' ist eine Rechenscheibe mit konzentrisch angeordneten, kreisförmigen Skalen. Durch Farbwirkung wird das Teilungsbild übersichtlich gegliedert. Transparente Drehzeiger mit INDEX - Strichen erleichtern die Einstellungen und Ablesungen zwischen den Teilungsintervallen. Die **Vorderseite** trägt auf dem **festen Außenring** folgende Skalen:

**(a)** Am Rande zwei kurze, mit **Sp.G.** bezeichnete Teilungen der **spezifischen Gewichte** von 0.65 - 0.95 für Brennstoff und Öl, die eine zur **Umwandlung von Flüssigkeitseinheiten** (Liter, Imp. Gallons, U.S. Gallons) **in Kilogramm (kg)**, die andere zur **Umwandlung in Pfund (lb).** Die Pfeile mit der Beschriftung **kg** und **lb** kennzeichnen diese Skalen und dienen zur Umrechnung **kg ⟷ lb.**

**(b)** Eine mit **DISTANCE, (TAS)** und **(T. ALT.)** bezeichnete **logarithmische Vollkreisteilung** im dekadischen System (Wegskala). Zusätzlich sind **Umrechnungsmarken** angebracht für:

| | | | |
|---|---|---|---|
| • Kilometer | - Nautical Miles | - Statute Miles | **(rot)** |
| • Meter | - Yards | - Feet | **(schwarz)** |
| • Liter | - Imp Gallons | - US Gallons | **(blau)** |

##### 7.1.1.1 Die drehbare Innenscheibe

**(c)** Eine logarithmische Vollkreisteilung als Gegenskala zu **(b)**. Sie enthält Marken für die **Umrechnung von ft/min in m/sec** und ist gleichzeitig eine **Zeitskala**, die - von der Stundenmarke △1 ausgehend - eine **Minutenskala** (von 6 - 60 Minuten) darstellt. Die Marke **sec** (bei 36) dient in Verbindung mit der Stundenmarke zur **Umrechnung von Minuten in Sekunden**.

**(d)** Eine **Stundenskala** (weiße Schrift im schwarzen Ring) schließt bei der Stundenmarke △1 an Skala **(c)** an und ist bis 20 Stunden geteilt, so daß **Stunden- und Minutenangaben** sich in den Skalen **(d)** und **(c)** gegenüberstehen.

##### 7.1.1.2 Mittelfeld der drehbaren Scheibe

**(k)** Eine konzentrische Kreisskala zur **Umrechnung von Temperaturen** 'Fahrenheit/Celsius' **(°F ⟷ °C).**

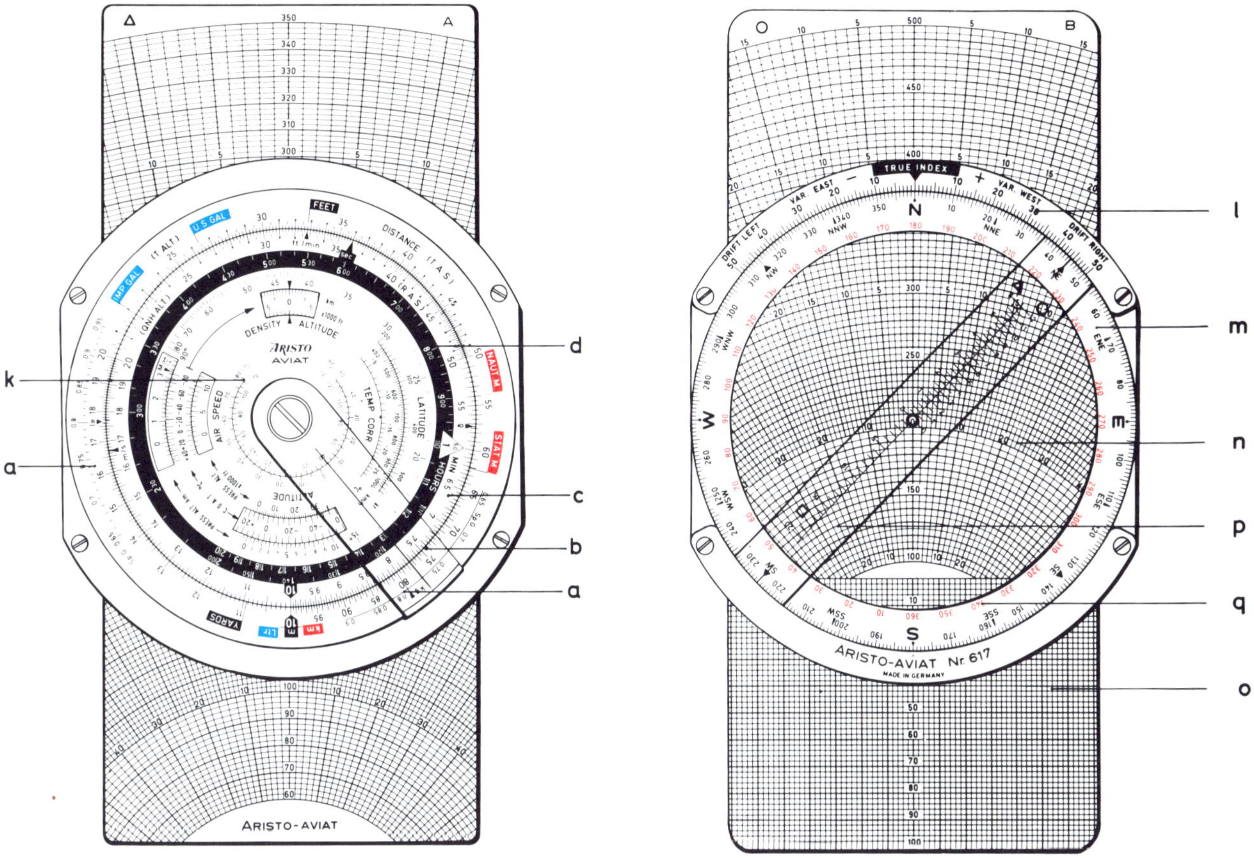


Abb. 84 Vorderseite des *ARISTO-AVIAT* 613/617 Rückseite des *ARISTO-AVIAT* 613/617

## 7.2 Die Rückseite des *ARISTO-AVIAT* 613/617

### 7.2.1 Der feste Außenring

**(l)** Eine **Gradteilung** ist von **0°** **(TRUE INDEX)** rechts- und linksläufig **bis 50°** durchgeführt. Die Bezeichnungen DRIFT LEFT – DRIFT RIGHT, VAR EAST - VAR WEST – und + geben Hinweise für die Anwendung.

### 7.2.2 Der drehbare Innenring

**(m)** Eine **Kursrose von 0° bis 360°** in der die Haupthimmelsrichtungen besonders markiert sind. Die zweite Teilung **(q)** - mit roter Bezifferung - ist um 180° gegen die Skala **(m)** verdreht und gibt die **Windrichtungen** an.

**(n)** **Schreibfläche**, mattiert und transparent.

**(o)** Ein **zweiseitiger Diagrammschieber** gleitet zwischen den Rechenscheiben der Vorder- und Rückseite. Die Diagramme enthalten konzentrische Kreisbögen für **Fluggeschwindigkeiten** und radiale Strahlen für **Abtriften.**

**(p)** Auf der Transparentscheibe ist ein **Drehzeiger** befestigt, dessen **drei Windgeschwindigkeitsskalen** auf die vorkommenden Diagrammskalen abgestimmt sind. Gemeinsame (gleiche) Zeichen (△, ○, □ **und** ×) geben Aufschluß über die zusammengehörenden Wind- und Diagrammskalen.

## 7.3 Einfache Rechnungen auf der Vorderseite des Rechners

Die Skalen **(b)** und **(c)** sind wie bei einem Rechenstab als zwei vollwertige logarithmische Skalen aufgetragen, womit alle vorkommenden **Multiplikationen** und **Divisionen, Verhältnisrechnungen** und **Dreisatzrechnungen** ausgeführt werden können.

### 7.3.1 Das Lesen der Teilungen

Aufgrund ihrer logarithmischen Eigenschaft werden auf den Skalen **(b)** und **(c)** die Abstände zwischen den Zahleneinheiten im Uhrzeigersinn immer kleiner. Die hierdurch bedingten verschiedenartigen Teilungsbilder in den Bereichen von **10** bis 20, von 20 bis 50 und von 50 bis **10** sind zu beachten. Folgende Ablesebeispiele veranschaulichen die **Verschiedenartigkeit** der Ablesungen in den **drei Bereichen.**

**Die anfänglichen Schwierigkeiten beim Lesen der Teilungen für Benutzer, die nicht an das Arbeiten mit dem Rechenstab gewöhnt sind, verlieren sich, sobald das Teilungsbild durch einige Übungen im Einstellen und Ablesen vertraut geworden ist.**

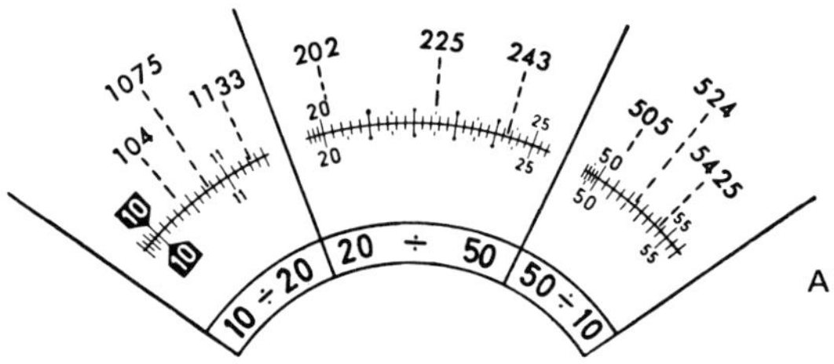

Abb. 85

Wie bei jedem Rechenstab sind die Bezifferungen vieldeutig inbezug auf die Kommastellung. Wenn z.B. die Zahl 12 als Ergebnis einer Einstellung auf der Rechenscheibe abgelesen wird, kann der tatsächliche Wert 0,12 oder 1,2, 12, 120 .... lauten! In allen Fällen, bei denen die Größenordnung der Lösung einer Rechenaufgabe nicht ohne weiteres zu übersehen ist, empfiehlt sich eine Überschlagsrechnung mit abgerundeten Zahlenwerten zur Ermittlung der richtigen Kommastellung.

Der Skalenanfang (INDEX) ist durch die umrahmte **10** gegeben; **die großen Zahlen** 20, 30, 40 usw. gliedern die Skala in die Hauptintervalle; ihre Skalenstriche **geben die erste Stelle** der Ablesung.
Die **kleineren Zahlen** innerhalb der Hauptintervalle - oder auch die durch ihre Länge hervorgehobenen Teilstriche - **geben die zweite Stelle;**
**Die dritte Stelle** der Ablesung **liefern die kleinsten Skalenstriche** - oder sie wird **durch Interpolation zwischen den Teilstrichen** gefunden.

### 7.3.2 Multiplikation

Nach dem Prinzip des logarithmischen Rechnens werden zur Multiplikation Strecken auf der festen Außenskala und der drehbaren Innenskala aneinandergereiht. Im Beispiel **32 x 1,4** wird der INDEX der Innenskala auf den Wert 32 der Außenskala eingedreht.
Über dem Wert 1,4 der Innenskala steht dann das Ergebnis **(44,8)** auf der Außenskala!
(**Anmerkung**: Die Benutzung des Drehzeigers erleichtert hierbei die Ablesung!)

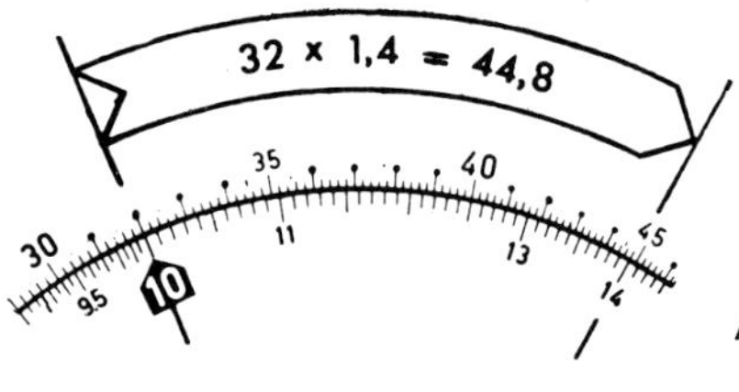

Abb.86

### 7.3.3 Division

Die Division ist die Umkehrung der Multiplikation. Wenn die soeben beschriebene Einstellung in der umgekehrten Reihenfolge vorgenommen wird, d.h. wenn der Wert 44,8 der Außenskala und der Wert 1,4 der Innenskala übereinandergestellt werden, kann als Ergebnis der Division **32** auf der Außenskala über dem INDEX **10** der Innenskala abgelesen werden.

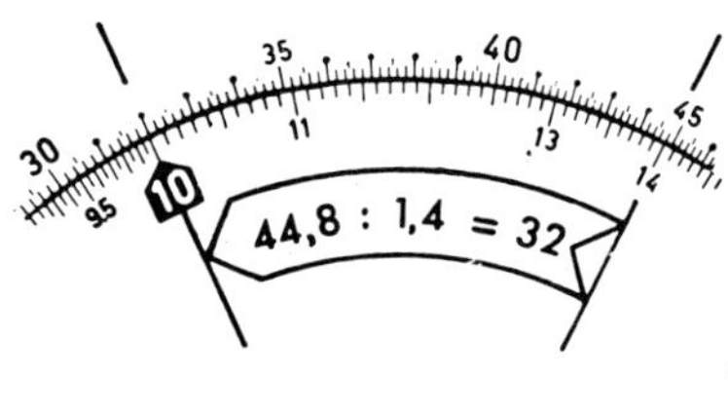

Abb. 87

### 7.3.4 Proportionen (Verhältnisse)

Viele Aufgaben der Flugnavigation lassen sich in der Proportionsform sehr übersichtlich rechnen. Durch die Gegenüberstellung der zueinandergehörigen Verhältniswerte (gegebene Größen) sind auch alle weiteren Relationen bekannt. Nachstehend hierzu zwei Beispiele:

**Prozentrechnung:**

Tankinhalt vor dem Abflug 960 Liter
hiervon verbraucht 647 l

gesucht: Verbrauch in Prozenten des Tankinhalts.
Der Tankinhalt (960 l) verhält sich zu 100 % wie der Verbrauch zur gesuchten Prozentzahl.

Lösung: $\frac{960}{100} = \frac{647}{x}$ **Ergebnis: X = 67,4 %**

**Zeitumrechnung:**

Bei einer 'Weg-Zeit-Rechnung' **(siehe 7.6.2 'Flugzeit')** werden als Flugzeit 0,43 Stunden abgelesen. Wieviel Minuten entsprechen diesem Wert?
Da 1 h = 60 min ist, gilt die Proportion: $\frac{1}{60} = \frac{0{,}43}{X}$

Lösung: Stundenmarke △ dem INDEX ⑩ gegenüberstellen und Drehzeiger auf 43 der Außenskala stellen. Darunter jetzt auf der Innenskala ablesen: **Ergebnis: X = 25,8 min**

## 7.4 Umrechnung von Maßen: metrisch ←→ angelsächsisch

Die Marken der Außenskala sind durch die Vereinigung der metrischen Maßeinheiten (m, km, Ltr) über dem INDEX ⑩ übersichtlich angeordnet. Auf diese Weise können alle Umrechnungen einheitlich vorgenommen werden.
Grundsätzlich beginnt jede Umrechnung damit, daß der umzurechnende Wert in der drehbaren Skala aufgesucht und unter die Marke der gegebenen Einheit gestellt wird. Das Ergebnis wird dann auf der drehbaren Skala bei der Marke für die gesuchte Einheit abgelesen.
**In den folgenden Abbildungen ist die 1. Einstellung jeweils mit einem Kreis umrandet. Pfeile geben die Richtung für den Drehzeiger an!**

### 7.4.1 Umrechnung von Streckenmaßen und Entfernungen

- **FEET → YARDS → METER :**

gegeben: 3 feet
gesucht: Wert in yard und m
**Ergebnis: 1 yard, 0,915 m**

Drehe den Skalenwert 30 unter die Feet-Marke und lies das Ergebnis auf der drehbaren Skala unter der entsprechenden Marke yards oder m ab!

- **METER → YARDS → FEET :**

gegeben: 17 m
gesucht: Wert in yards und feet
**Ergebnis: 18,59 yards; 55,8 feet**

- **NM ←→ ML ←→ km :**

gegeben: 172 Stat. Miles (ML)
gesucht: NM und km
**Ergebnis: 149,5 NM; 277 km**

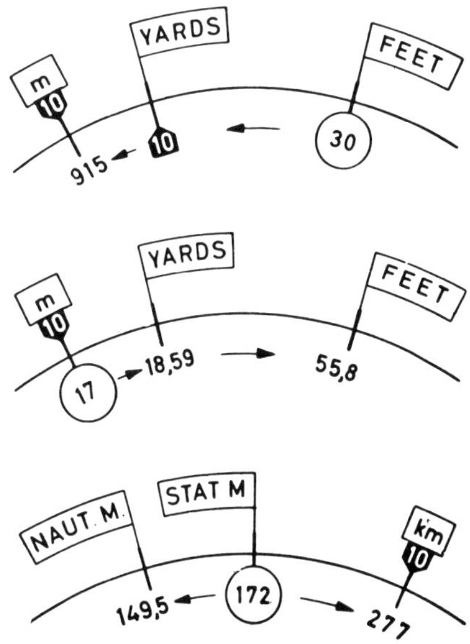


Abb. 88

### 7.4.2 Umrechnung von Flüssigkeitsmaßen

- **Ltr. ⟶ IMP.GAL. ⟶ U.S.GALLONS :**

| | |
|---|---|
| gegeben : | 2350 l |
| gesucht : | Imp. Gallons und U.S.Gallons |
| **Ergebnis :** | **517 Imp.Gallons ; 621 U.S. Gallons** |

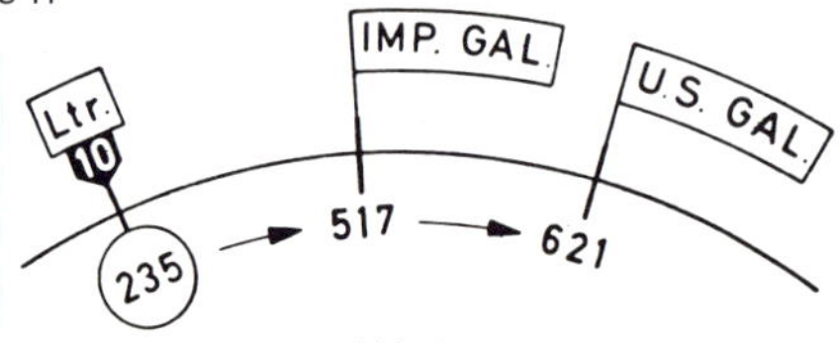


Abb. 9

- **U.S.GALLONS ⟶ IMP.GALLONS ⟶ LITER :**

| | |
|---|---|
| gegeben : | 173 U.S.Gallons |
| gesucht : | Imp. Gallons und Ltr. |
| **Ergebnis:** | **144 Imp.Gallons; 655 Liter** |

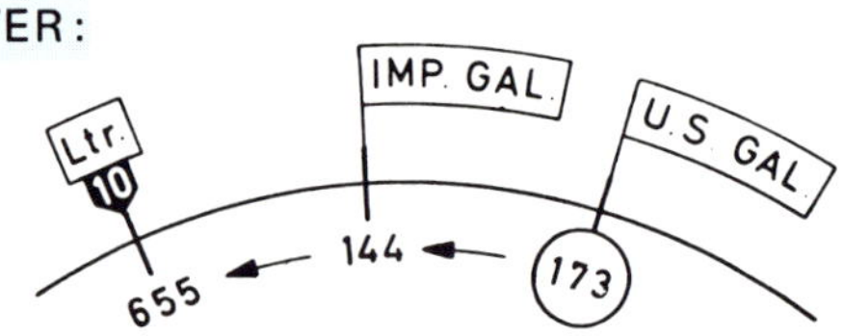


Abb. 89

### 7.4.3 Gewichtsberechnung aus Flüssigkeitsmaßen

Für die Umwandlung von Flüssigkeitsmaßen in Kilogramm oder englische Pfund unter Berücksichtigung des jeweiligen spezifischen Gewichts zwischen 0,65 und 0,95 sind am oberen Rand des Außenrings je eine Skala für die Umwandlung in Pfund (lb) und in Kilogramm (kg) angebracht. Zu jeder Flüssigkeitsmenge in Liter oder Gallons kann somit das Gewicht wahlweise in kg oder lb abgelesen werden. Die Pfeile mit den Bezeichnungen **kg** und **lb** dienen als Umrechnungsmarken von einem System ins andere. Der Computer rechnet nach Britischer Norm 1 gallon = 4,546 kg = 10,023 lb; 1 kg = 2,205 lb. Als Faustregel wird oft 1 gallon = 10 lb gerechnet, dann ergibt sich aber die Differenz gegenüber der Norm.

- **Stelle** die umzuwandelnde Flüssigkeitsmenge auf der drehbaren Innenskala **(c)** unter die zutreffende Marke ( Ltr., Imp. Gal oder U.S. Gal ) auf dem Außenring **(b)** und drehe den Drehzeiger über den Wert des spezifischen Gewichts der Füssigkeit in Skala **(a)** ein!

  **Lies** unter dem Drehzeiger auf der Innenskala das der Flüssigkeitsmenge entsprechende Gewicht ab und zwar in **kg**, wenn der Drehzeiger über der spezifischen Gewichtsskala mit der Bezeichnung **'kg'** eingestellt ist, oder
  in **engl. Pfund** bei Einstellung des Drehzeigers über der mit **'lb'** bezeichneten Skala!

- **GEWICHT in kg und lb :**

| | |
|---|---|
| gegeben: | 234 U.S.Gallons Benzin, spez. Gewicht 0,72 |
| gesucht : | Gewicht in kg und Pfund (lb) |
| **Ergebnis :** | **1407 lb ; 637 kg** |

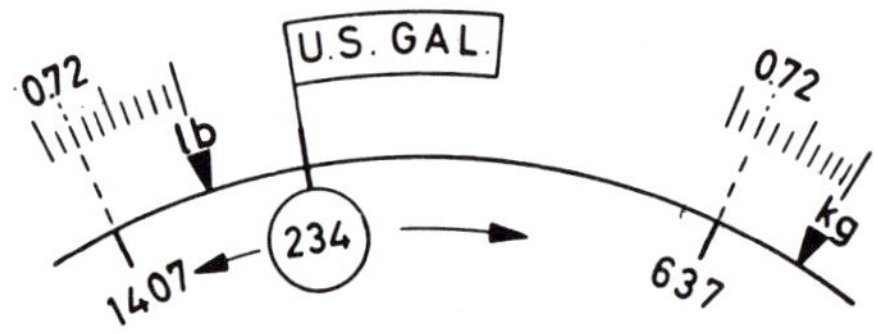


Abb. 11

- **GEWICHT in lb :**

| | |
|---|---|
| gegeben : | 156 Imp. Gallons Benzin, spez. Gewicht 0,74 |
| gesucht : | Gewicht in lb |
| **Ergebnis :** | **1157 lb** |

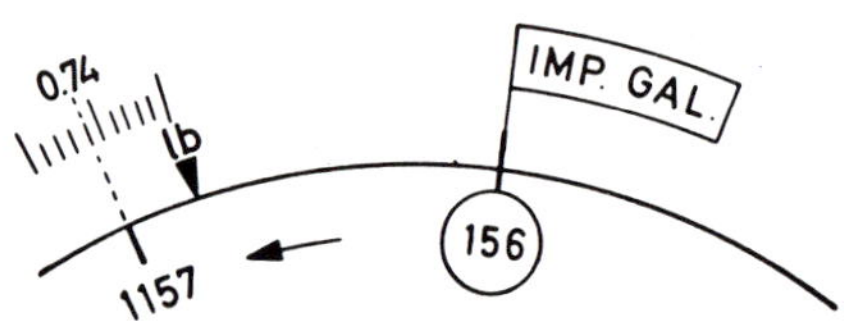


Abb. 90

### 7.5 Umrechnung von Zeiten und Geschwindigkeiten

Bei derartigen Aufgaben besteht gegenüber den bisherigen Umrechnungsbeispielen der Unterschied, daß sich die Zeit- und Geschwindigkeitsmarken in der beweglichen Skala **(c)** befinden. Die Marke der gegebenen Einheit muß auf den gegebenen Wert in der festen Skala eingedreht werden. Das Ergebnis steht dann gegenüber der entsprechenden Marke auf der Außenskala.

#### 7.5.1 Umrechnung von Zeiten

- **Umrechnung von Minuten und Stunden:** In der Minutenskala **(c)** und in der Stundenskala **(d)** stehen sich die entsprechenden Werte für 1 bis 10 Stunden gegenüber. Am inneren Rand des schwarzen Ringes ist die Stundenskala bis 20 Stunden = 1200 Minuten fortgesetzt.

- **Umrechnung von Minuten in Sekunden mit den Marken △ und sec :**

| | |
|---|---|
| gegeben : | 17 Minuten |
| gesucht : | Anzahl der Sekunden |
| **Ergebnis :** | **1020 sec** |

Die S t u n d e n m a r k e △ , die gleichzeitig als M i n u t e n m a r k e gilt, wird auf 17 in Skala ( h ) gestellt. Über der Sekundenmarke sec steht dann das Ergebnis 1020 sec. Aus der Abb. 91 geht hervor, daß die Umkehr der Aufgabe in der gleichen Weise gerechnet wird.

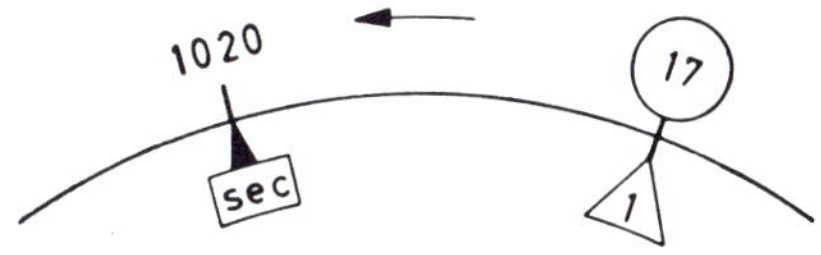


Abb. 91

7.5.2 U m r e c h n u n g v o n G e s c h w i n d i g k e i t e n

- **Umrechnung von m/sec in km/h :**

Die Marke sec erleichtert mit ihrer Lage bei dem Wert 36 auch die Umrechnung von Stunden in Sekunden. 1 h = 3600 sec und 1 m / sec = 3,6 km / h. Wird z.B. die Marke 10 der Minutenskala **( c )** gegenüber 35,8 m / sec in Skala **( b )** gestellt, zeigt die Marke sec auf 129 km / h.

- **Umrechnung mit den Marken m / sec und ft / min :**

| | |
|---|---|
| gegeben : | 500 ft / min |
| gesucht : | m / sec |
| **Ergebnis :** | **2,54 m / sec** |

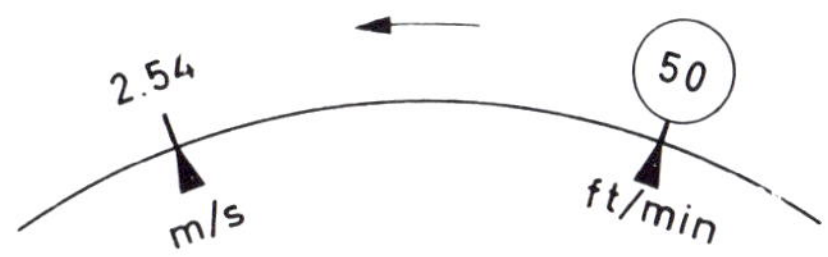


Abb. 92

7.6 W e g - Z e i t - G e s c h w i n d i g k e i t - A u f g a b e n

Derartige Aufgaben sind immer als eingekleidete Aufgaben gegeben, die am zweckmäßigsten in die Form einer Proportion ( Verhältnisgleichung ) gebracht werden **(vergleiche 7. 3. 4 )**

7.6.1 B e r e c h n u n g v o n S t e i g - o d e r S i n k z e i t e n bzw. - g e s c h w i n d i g k e i t e n

- **Steigzeit :** Ein Flugzeug soll mit einer Steiggeschwindigkeit 700 ft / min von 2000 auf 11 000 Fuß steigen. Gesucht ist die Steigzeit für den Höhenunterschied 9000 Fuß.

Die Steiggeschwindigkeit 700 ft / min gibt an, daß das Flugzeug in einer Minute 700 Fuß steigt.
Damit ist die Ausgangseinstellung für die Proportion gegeben :

$$\frac{700}{1} = \frac{9000}{X}$$

| | |
|---|---|
| Einstellung : | Stelle bewegliche 10 unter die Steiggeschwindigkeit 700 |
| Ablesung : | Lies die Steigzeit 12,85 min auf der beweglichen Skala unter dem Höhenunterschied 9000 ab. |
| **Ergebnis :** | **Steigzeit ca. 13 Minuten** |

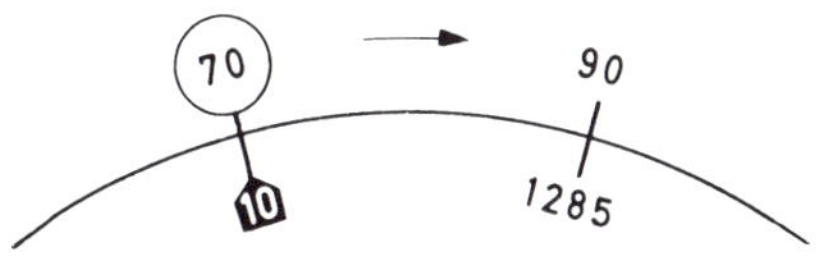


Abb. 93

- **Sinkgeschwindigkeit :** Ein Flugzeug gibt in 14 Minuten 8500 ft Höhe auf. Gesucht ist die Sinkgeschwindigkeit.

Proportion : $\frac{8500}{14} = \frac{X}{1}$

| | |
|---|---|
| Einstellung : | 14 unter 85 |
| Ablesung : | 607 über 10 |
| **Ergebnis :** | **Sinkgeschwindigkeit 607 ft / min** |

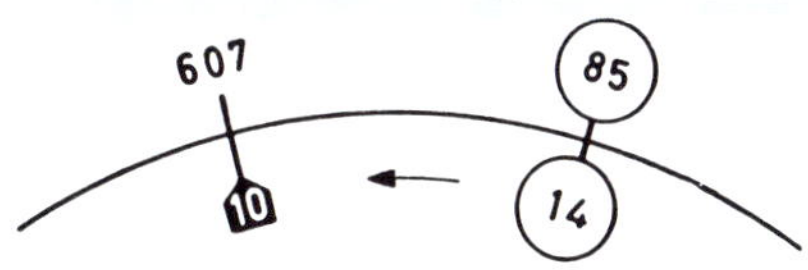


Abb. 94

7.6.2 S t r e c k e - G e s c h w i n d i g k e i t ü b e r G r u n d - F l u g z e i t

- **Flugzeit :**

| | | | |
|---|---|---|---|
| bekannt : | GS / $V_g$ 246 KT<br>Flugstrecke 745 NM | Ansatz : | Knoten ( = Seemeilen/NM pro Stunde ) a l s o : $\frac{246}{△} = \frac{745}{X}$ |
| gesucht : | F l u g z e i t | | |
| Einstellung : | Stelle die Stundenmarke der Zeitskala unter die GS/$V_g$ auf der Außenskala ( Entfernung ) | | |
| Ablesung : | Lies unter der Strecke 745 der Entfernungsskala die Flugzeit 182 min = 3 : 02 h auf der Zeitskala ab. Die Stundenangabe steht im schwarzen Stundenkreis **( d ).** | | |

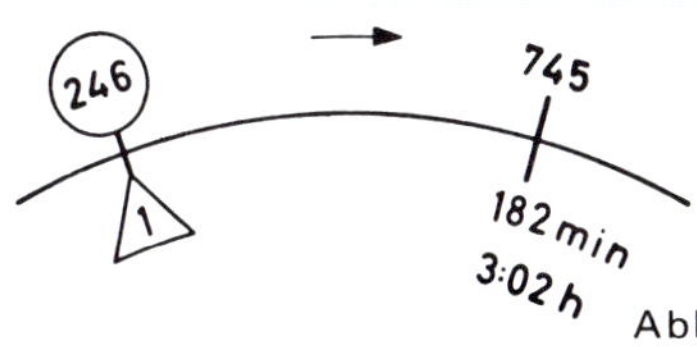


Abb. 95

- **GS / Vg :**

bekannt : Strecke 412 km.
Flugzeit 1 : 28 h = 88 min

gesucht : GS / Vg

Abb. 96

Einstellung : Stelle die Flugzeit 88 min auf der Zeitskala unter die Strecke 412 km auf der Entfernungsskala.

Ablesung : Lies über der Stundenmarke ⚠ der Zeitskala die Stundengeschwindigkeit 281 km/h. Der Abstand der Marke ft/min von der Marke ⚠ gibt zufällig den ungefähren Umrechnungswert von km / h in KT, so daß über der Marke **ft/min** die Geschwindigkeit **153 KT** steht. Der genaue Wert wäre zwei Teilstriche links der Marke 152 KT.

- **Zurückgelegte Strecke :**

bekannt : GS / $V_g$ 247 KT · Flugzeit 2 : 16 = 136 min

gesucht : Zurückgelegte Strecke

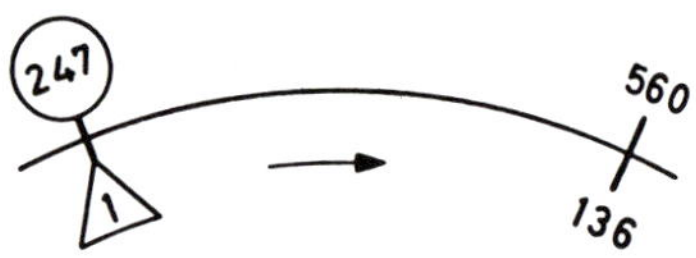


Einstellung : Stelle die Stundenmarke ⚠ unter die GS/Vg 247 KT auf der Entfernungsskala
Lies über der Flugzeit 136 min der Zeitskala die zurückgelegte Strecke 560 NM auf der Entfernungsskala ab.

Abb. 97

- **Bestimmung des Punktes gleicher Zeiten (PET) :**

Wenn während des Fluges z. B. eine Motorstörung auftritt, ist es wichtig zu wissen, ob der Zielflughafen oder der Ausgangsflughafen schneller erreicht werden kann. Zu diesem Zweck wird der **Punkt gleicher Zeiten** (**C.P.** = **c**ritical **p**oint oder **PET** = **p**oint of **e**qual **t**ime ) berechnet, also der Punkt, von dem aus der Weiterflug zum Zielort die gleiche Zeit erfordert wie der Rückflug zum Startort. Die Formel hierzu :

$$T_X = \frac{T_F \times G_R}{G_H + G_R} \quad \text{( Zeitformel )}$$

$T_X$ = Flugzeit zum Punkt gleicher Zeiten (PET)
$T_F$ = Flugplanzeit vom Abflug- zum Zielort
$G_R$ = GS / $V_g$ auf dem Rückflug
$G_H$ = GS / $V_g$ auf dem Hinflug

Die Entfernung vom Abflugort zum Punkt gleicher Zeiten ( $P_X$ / PET) wird mit folgender Formel berechnet :

$$D_X = \frac{D_Z \times G_R}{G_H + G_R} \quad \text{( Distanzformel )}$$

$D_X$ Entfernung vom Abflugort zum Punkt $P_X$ (PET)
$D_Z$ Entfernung vom Abflugort zum Zielort

Die obige Gleichung läßt sich für die Einstellung auf dem Navigationsrechner handlicher darstellen :

$$\frac{G_R}{G_H + G_R} = \frac{T_X}{T_F} \text{ oder } \frac{D_X}{D_Z}$$

**Beispiel:**

gegeben : Gesamtflugstrecke 920 NM
$G_H$ = 240 KT
$G_R$ = 210 KT
Flugplanzeit $T_F$ = 3 : 50 h
= 230 min

gesucht : 1. Nach welcher Flugzeit wird der Punkt $P_X$ (PET) erreicht ?
2. Wie weit ist der Punkt $P_X$ (PET) vom Abflugort entfernt ?

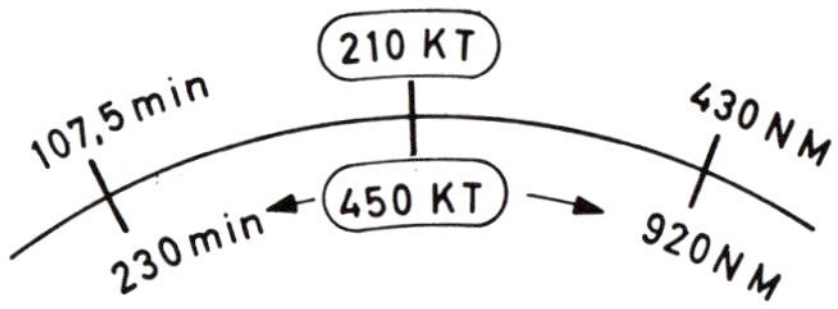


Zwischenrechnung : $G_H + G_R$ = 450 KT

Abb. 98

Einstellung : Stelle den Drehzeiger auf $G_R$ = 210 in der Außenskala und drehe die Summe $G_H + G_R$ = 450 in der drehbaren Skala unter den Zeigerstrich. Mit dieser Einstellung stehen sich nach obiger Proportion die entsprechenden **Flugzeiten *(T)*** bzw. **Entfernungen *(D)*** gegenüber .

Ablesung : (siehe folgende Seite)
Ergebnis : (siehe folgende Seite)

Ablesung : 1. Drehe den Zeiger nach $T_F$ = 230 der Innenskala;
Lies $T_X$ = 107,5 min auf der Außenskala ab.
2. Drehe den Zeiger nach $D_Z$ = 920 der Innenskala;
Lies $D_X$ = 430 NM auf der Außenskala ab.

**Ergebnis : Der Punkt gleicher Zeiten $P_X$ / PET wird nach einer Flugzeit von 107,5 Minuten erreicht. Die geflogene Strecke beträgt dann 430 NM.**

- **Bestimmung des letzten Umkehrpunktes (PNR/PSR):**

Der letzte Umkehrpunkt (Point of No Return) hängt von der Höchstflugdauer des Flugzeugs ab. Nach dem Überfliegen des letzten Umkehrpunktes reicht der Kraftstoffvorrat zu einer Rückkehr zum Ausgangsflughafen nicht mehr aus. Der Flug kann dann nur noch zum Ziel - (oder Ausweich-) flughafen fortgesetzt werden. Vielfach wird auch der letzte sichere Umkehrpunkt (PSR = Point of Safe Return) ermittelt. In diesem Falle liegt der Berechnung der Kraftstoffvorrat - abzüglich der Warte - und etwaiger Ausweich - reserven - zugrunde. Die Formel für die Flugzeit zum letzten Umkehrpunkt ($T_u$ / PSR) lautet:

$$T_u = \frac{T_{max} \times G_R}{G_H + G_R}$$

$T_{max}$ = Maximale Flugdauer

Die nebenstehende Formel ist wie diejenigen des Abschnitts PET (Point of Equal Time) aufgebaut, so daß auch hier wieder die gleiche Proportion gilt:

$$\frac{G_R}{G_H + G_R} = \frac{T_u}{T_{max}}$$

**Beispiel:**

Maximale Flugdauer : 6 1/2 Stunden = 390 min
$G_H$ = 240 KT
$G_R$ = 210 KT
$G_H + G_R$ = 450 KT

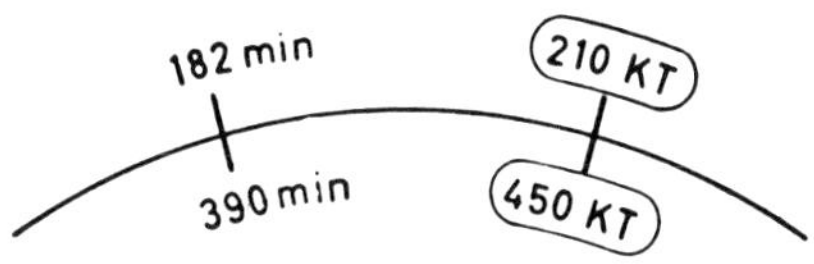


Abb. 99

Einstellung : Stelle $G_R$ über $G_H + G_R$ (wie bei PET)

Ablesung : Lies die Flugzeit zum letzten Umkehrpunkt auf der Außenskala ab, wenn der Drehzeiger über der maximalen Flugdauer auf der Innenskala steht.

**Ergebnis : Der letzte Umkehrpunkt wird nach 182 min = 3 : 02 h erreicht. Wenn der Punkt geographisch festgelegt werden soll, bestimmt man die Entfernung zum letzten Umkehrpunkt mit $G_H$ nach der üblichen Weg - Zeit - Rechnung (vergleiche 'Zurückgelegte Strecke' in diesem Abschnitt). Die Entfernung ist 728 NM.**

## 7.7 Der Kraftstoffverbrauch

- **Gesamtverbrauch und Gewicht des verbrauchten Kraftstoffs:**

bekannt : Stundenverbrauch 220 Imp. Gal.
Flugzeit 3 : 24 h = 204 min;
spez. Gewicht 0,72

gesucht : Gesamtverbrauch und Gewicht des verbrauchten Kraftstoffs in engl. Pfund (lb)

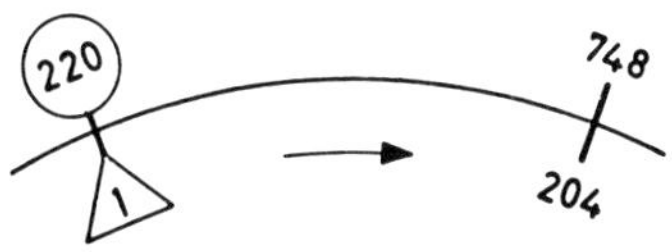


Abb. 100

Einstellung : Stelle die Stundenmarke △ der Zeitskala unter den Stundenverbrauchswert 220 auf dem Außenring.
Lies den Gesamtverbrauch 748 Imp. Gallons auf dem Außenring über der Flugzeit 204 auf der Zeitskala ab.
Zwischenergebnis: **Gesamtverbrauch 748 Imp. Gal.**
Gewichtsberechnung: (vgl. 7.4.3)

**Ergebnis : 5390 lb**

- **Stundenverbrauch:**

bekannt : Gesamtverbrauch 1470 U.S.Gal.
Flugzeit 4 : 05 h = 2 45 min

gesucht : Stundenverbrauch

**Ergebnis : 360 U.S.Gallons**

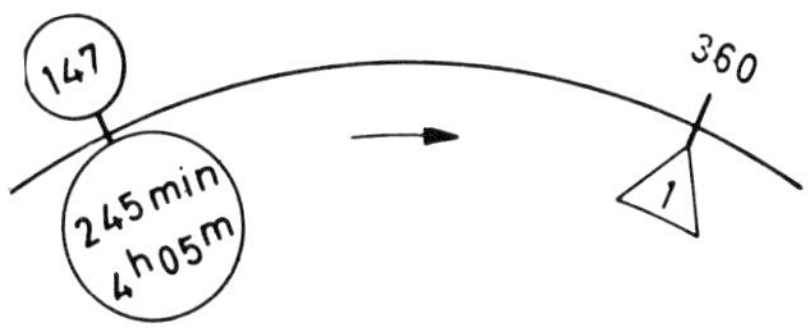


Abb. 101

- **Maximale Flugdauer :**

bekannt : Stundenverbrauch 320 U.S.Gal. Kraftstoffvorrat 1460 U.S. Gal.

gesucht : Maximale Flugdauer

Einstellung : Stelle die Stundenmarke der Zeitskala unter den Stundenverbrauch

Ablesung : Lies unter dem Kraftstoffvorrat auf dem Außenring die maximale Flugdauer 274 min auf der Zeitskala ab.

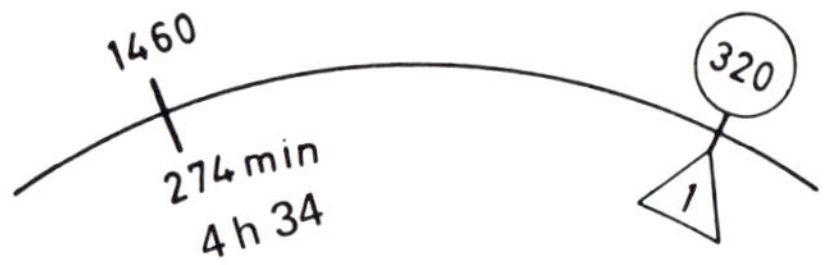


Abb. 102

## 7.8 Graphische Lösung von Dreiecksaufgaben mit dem *ARISTO*-AVIAT

Auf der Rückseite des Navigationsrechners werden mit dem Diagrammschieber **( o )** und mit der drehbaren Zeichenfläche **( n )** Dreiecksaufgaben gelöst. Die radialen Abtriftlinien und die konzentrischen Kreisbögen des Diagrammschiebers dienen zur Lösung von Winddreiecksaufgaben.

Achtung : **Die mattierte Zeichenfläche nur mit einem weichen Bleistift ( oder notfalls Füllhalter ) beschreiben. Keinesfalls Kugelschreiber, Kopierstifte oder Farbstifte verwenden, da nicht abwaschbar !**

### 7.8.1 Winddreiecksaufgaben

Mit dem Navigationsrechner lassen sich Winddreiecksaufgaben sehr anschaulich lösen. Zur Klärung der Aufgabenstellung wird die übliche Konstruktion des Winddreiecks aus den gegebenen Größen vorangestellt. Die Abb. 79 vermittelte uns bereits eine allgemeine Übersicht über die Bezeichnungen im Winddreieck.

- ***Bei der graphischen Lösung mit dem ARISTO-AVIAT entsteht das Winddreieck vor dem Auge des Benutzers, wenn der Windvektor auf der Zeichenfläche eingezeichnet und durch Verschieben des Diagrammschiebers an die Eigengeschwindigkeit ( TAS/$V_e$ ) angetragen wird.***

Auf dem **Diagrammschieber** sind von der mittleren Nullinie ausgehend nach links und rechts fächerartige Abtriftlinien von Grad zu Grad aufgetragen, die alle 5° beziffert sind und sich bei rückwärtiger Verlängerung in dem Nullpunkt A schneiden würden.

Die **Kreisbögen** um A sind Linien gleicher Geschwindigkeit, deren Bezifferung mit Null im Punkte A beginnend durchgeführt ist. Jede Diagrammseite stellt - je nach dem festgelegten Geschwindigkeitsbereich - immer nur einen Ausschnitt aus diesem System von radialen Linien und konzentrischen Kreisbögen zur Verfügung.

Die Abb. 103 auf der folgenden Seite zeigt die Entstehung des Winddreiecks bei der graphischen Lösung mit dem Navigationsrechner, wenn der rechtweisende Steuerkurs *( TH /rwSK )* / Flugzeuglängsachse), die Eigengeschwindigkeit *( TAS/$V_e$ )* und der Wind gegeben sind. Wird die Eigengeschwindigkeit auf der Nullinie des Diagramms unter die zentrale Bohrung der Zeichenfläche gebracht und der Wind vom Zentrum beginnend nach Richtung und Geschwindigkeit eingezeichnet, dann können die radialen Linien des Diagramms als Kursrichtungen gelesen werden. Die Nullinie entspricht dem *TH /rwSK*, und die radiale Linie durch den Endpunkt des Windvektors, die als Resultierende das Winddreieck vervollständigt, wird zum *TC / rwK* ( Kurs über Grund ) mit der Geschwindigkeit über Grund *GS / $V_g$*.

- ***Der Drehzeiger beim ARISTO-AVIAT 613/617 bringt den Vorteil, daß der Wind nicht immer eingezeichnet werden muß. Er wird durch die Einstellung der Windrichtung und durch die Geschwindigkeitsskala auf dem Drehzeiger gegeben. Es genügt deshalb, unter dem Endpunkt des Windvektors die Geschwindigkeit über Grund - GS / $V_g$ und die Abtrift oder den Luvwinkel ( WCA ) im Diagramm abzulesen !***

In Abhängigkeit von den ausgewählten Geschwindigkeitsbereichen haben die Geschwindigkeitsskalen der Diagrammschieber verschiedene Unterteilungen; demzufolge sind auf dem Drehzeiger entsprechende Skalen für die Windgeschwindigkeiten eingraviert. Um eine Verwechslung auszuschließen, sind die zusammengehörigen Skalen -auf dem Diagrammschieber und auf dem Drehzeiger - mit den gleichen Zeichen ( △,○,□ , × ) gekennzeichnet.

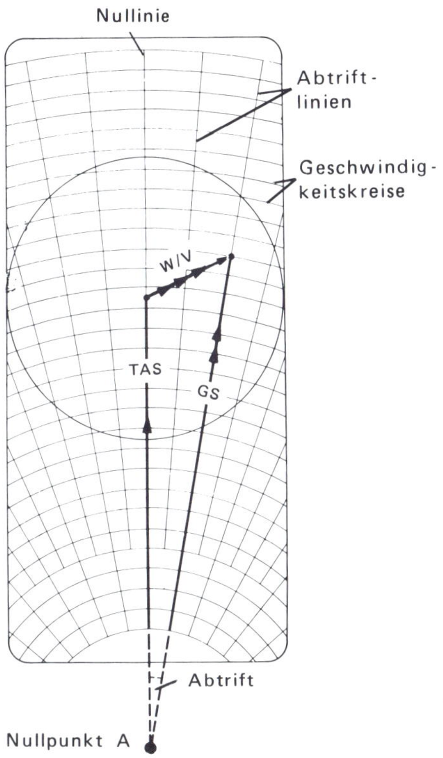


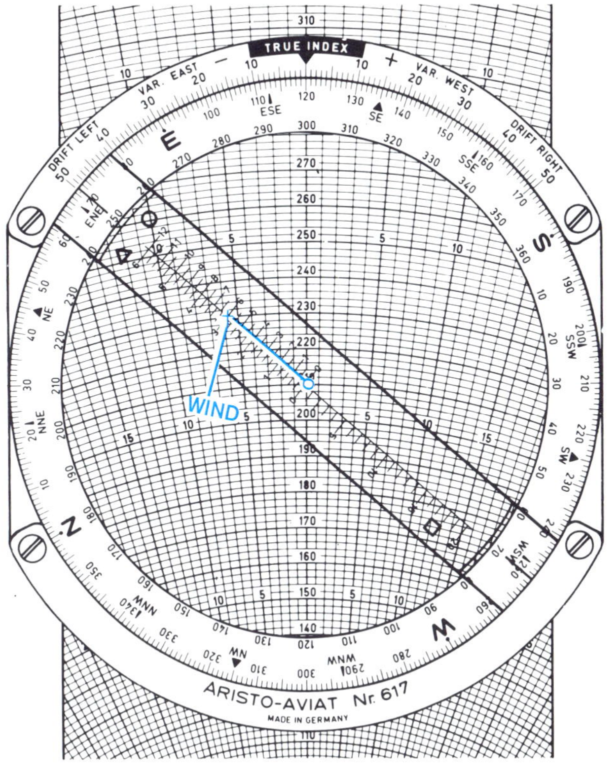


Abb. 103 Das Winddreieck auf dem *ARISTO*-AVIAT

Abb. 104

## 7.8.2 Bestimmung des Luvwinkels-WCA und der Geschwindigkeit über Grund-GS/Vg mit dem *ARISTO*-AVIAT 613/617 (siehe Abb. 104)

- **Stelle** unter der Marke TRUE INDEX den *TC /rwK* ein.
- **Drehe** den Zeiger auf die gegebene Windrichtung und benutze in diesem Falle die schwarze Bezifferung der Kursrose, um den Wind **luvwärts** einzustellen.
- **Schiebe** mit dem entsprechenden Kreisbogen des Diagrammschiebers die ***TAS/Ve*** unter die Windgeschwindigkeit der Drehzeigerskala.
- **Lies** an der gleichen Stelle den **Luvwinkel - WCA** zwischen den Abtriftlinien des Diagrammschiebers, sowie unter dem Mittelpunkt der Transparentscheibe die ***GS/Vg*** ab.

**Beispiel:**

| | | | |
|---|---|---|---|
| gegeben: | *TC /rwK* | = | 120° |
| | *W/V* | = | 070/30 |
| | *TAS/Ve* | = | 230 KT |
| **gesucht:** | *WCA/L* und *GS/Vg* | | |

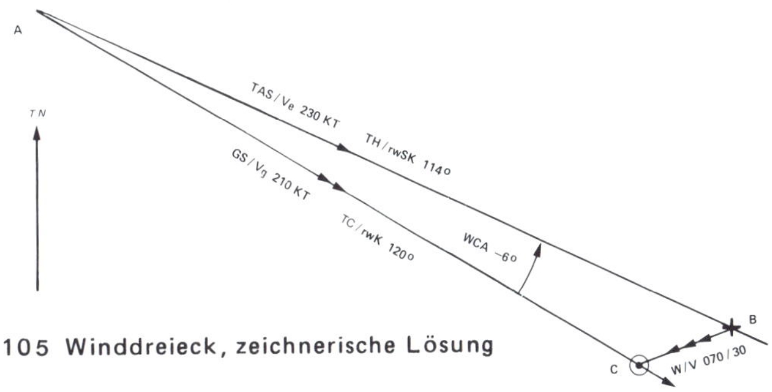


Abb. 105 Winddreieck, zeichnerische Lösung

**Lösung mit dem *ARISTO*-AVIAT:**

Einstellung: **Stelle** den Drehzeiger auf 070° der schwarzen Gradteilung (luvwärts); **Schiebe** den mit 210 bezifferten Bogen des Diagramms unter die Windgeschwindigkeit 30 der entsprechenden Skala.

Ablesung: **Lies** unter dem Endpunkt des Windvektors den ***WCA/L*** mit –6° ab.
unter dem Mittelpunkt der Zeichenfläche die ***GS/Vg*** mit **210 KT.**

Der zu steuernde ***TH/rwSK*** ist **114°.** (120 – 6)

# 8 Flugplanung und Flugdurchführung

## 8.1 Flugplanung und Flugvorbereitung

Die Wichtigkeit einer gewissenhaften Flugplanung und Flugvorbereitung eines Überlandfluges kann niemals genügend betont werden! Die Luftverkehrs-Ordnung (LuftVO) schreibt zu diesem Thema im ersten Abschnitt (Pflichten der Teilnehmer am Luftverkehr) in § 3a folgendes vor:

**Flugvorbereitung**

1) Bei der Vorbereitung des Fluges hat der Luftfahrzeugführer sich mit allen Unterlagen und Informationen, die für die sichere Durchführung des Fluges von Bedeutung sind, vertraut zu machen und sich davon zu überzeugen, daß das Luftfahrzeug und die Ladung sich in verkehrssicherem Zustand befinden, das zulässige Fluggewicht nicht überschritten wird, die vorgeschriebenen Ausweise vorhanden sind und die erforderlichen Angaben über den Flug im Bordbuch, soweit es zu führen ist, eingetragen werden.

2) Für einen Flug, der über die Umgebung des Startflugplatzes hinausführt (Überlandflug), und vor einem Flug nach Instrumentenflugregeln hat sich der Luftfahrzeugführer über die verfügbaren Flugwettermeldungen und -vorhersagen ausreichend zu unterrichten. Vor einem Flug, für den ein Flugplan zu übermitteln ist, ist eine Flugberatung bei einer Flugberatungsstelle einzuholen. Absatz 1 bleibt unberührt.

3) Ein Flug führt über die Umgebung eines Flugplatzes hinaus, wenn der Luftfahrzeugführer den Verkehr in der Platzrunde nicht mehr beobachten kann.

Bei der Flugvorbereitung von Überlandflügen sollte folgenden Punkten immer besondere Beachtung geschenkt werden:

- **Gewissenhaftes Vertrautmachen** mit den vorhandenen **Wettermeldungen und -vorhersagen!**
- **Genaue Berechnung des Kraftstoffbedarfs**, der immer eine Reserve zum geplanten Ausweichflugplatz enthalten sollte - mindestens aber eine Reserve für 30 Minuten zusätzliche Reiseflugzeit!
- **Vorkehrungen für einen Ausweichkurs treffen**, falls der Flug nicht wie geplant durchgeführt werden kann (Wetterverschlechterung auf der geplanten Flugstrecke, usw.)!

Hat der Flugzeugführer einen Überlandflug gewissenhaft geplant und vorbereitet, so kann er den Flug mit größerem Selbstvertrauen und innerer Ruhe antreten. Das trägt wesentlich zur Sicherheit des Fluges bei.

> *Merke: Unzureichende oder unterlassene Flugvorbereitung und -Planung ist erwiesenermaßen oft die Ursache schwerer Flugunfälle!*

### 8.1.1 Sammlung des notwendigen Materials für die Flugplanung und Flugvorbereitung

Der Flugzeugführer sollte rechtzeitig vor Antritt des Fluges das zur Planung und Vorbereitung notwendige Material sammeln, damit er sicher geht, daß NICHTS fehlt.
Hierzu gehört besonders die Beschaffung der zur Zeit gültigen Luftfahrtkarten ICAO 1:500000 für die zu befliegende Strecke und die angrenzenden Gebiete. Die Karten von angrenzenden Gebieten sollten schon deshalb mit in die Flugplanung einbezogen werden, damit man in der Lage ist, großräumige - plötzlich auftretende - Schlechtwettergebiete zu umfliegen oder - bei Orientierungsverlust - den Standort genau zu bestimmen. Das ist besonders wichtig, wenn die geplante Flugstrecke entlang des Kartenrandes verläuft und eine unvorhergesehene Kursänderung (Schlechtwetter) in ein Gebiet führt, das auf der Karte nicht mehr dargestellt wird.

> ***Merke: Die entsprechenden Anschlußblätter sind jeweils am Rande der Karte mit Bezeichnung und Nummer aufgeführt!***

Das **Luftfahrthandbuch** der Bundesrepublik Deutschland (**AIP** = **A**eronautical **I**nformation **P**ublication) - für VFR-Flüge die Bände 1 und 3 - darf bei keiner Flugvorbereitung fehlen.
Jeder verantwortungsbewußte Flugzeugführer sollte Bezieher des Luftfahrthandbuches (AIP) sein,

das eine Fülle von Flugvorbereitungsmaterial enthält. Desweiteren erhält jeder Abonnent des Luftfahrthandbuches (AIP) mit den monatlichen Berichtigungen das **VFR-Bulletin** und die für die Flugplanung und Flugvorbereitung sehr wichtigen **'Nachrichten für Luftfahrer' (NfL)** – auch **NOTAM** (= Notices to Airmen) genannt – die folgende Informationen enthalten:

- Nachrichten über die Errichtung, den Zustand oder die Veränderung von Luftfahrtanlagen aller Art und
- Nachrichten über Dienste, Verfahren und Gefahren in der Luftfahrt, deren rechtzeitige Kenntnis für das Luftfahrtpersonal wichtig ist.

Zusätzlich muß für das Handwerkszeug der navigatorischen Vorbereitung des Fluges gesorgt werden. Dabei muß insbesondere an den **Navigationsrechner**, ein **Kursdreieck** oder **Kurslineal**, einen **Stechzirkel**, ein Flightlog - Formular ( oder zumindest genügend Schreibpapier ) und an ein **Schreibgerät** ( möglichst einen weichen Bleistift für Schreibfläche auf dem Navigationsrechner ) gedacht werden.

Für bestimmte Flüge - z.B. Flüge über Seegebieten, Nachtflüge - darf die erforderliche Zusatzausrüstung nicht vergessen werden ( Rettungsausrüstung, Taschenlampe usw. - mindestens wie jeweils vorgeschrieben ).

## 8.1.2 Die Wetterberatung vor dem Fluge

Vor jedem Flug muß zuerst eine ausführliche Wetterberatung eingeholt werden, damit entschieden werden kann, ob der Flug überhaupt durchführbar ist. Sollte der Flug ohne größere Schwierigkeiten angetreten werden können, so ist anhand der Wetterlage vom Flugzeugführer die günstigste Flugstrecke zu bestimmen.

Wenn immer möglich, sollte der Flugzeugführer **bei zweifelhaften Wetterlagen** persönlich bei der zuständigen Flugwetterwarte vorsprechen. Das hat den Vorteil, daß man die letzten Wetterkarten, Gebietsvorhersagen, Flugplatzwettervorhersagen ( T A F ) , SIGMET, Meldungen von Luftfahrzeugen im Fluge, Flugplatzwettermeldungen ( METAR ) und Höhenwindvorhersagen unter fachkundiger Beratung eines Flugmeteorologen selbst einsehen kann.

Ist ein persönlicher Besuch beim Flugwetterdienst nicht möglich, so ist der diensthabende Flugmeteorologe bei zweifelhafter Wettersituation gerne bereit, Auskünfte über Telefon zu erteilen. Die Telefon-Nummern der Flugwetterwarten (engl. : MET - Offices) findet man im Luftfahrthandbuch, Band 1, Teil MET !

Bei telefonischen Wetterberatungen immer folgende Grundsätze beachten :

- Teilen Sie dem Meteorologen mit, daß Sie Flugzeugführer sind !
- Geben Sie die beabsichtigte Flugstrecke an !
- Dabei die Angabe des Zielflughafens nicht vergessen !
- Voraussichtliche Startzeit angeben !
- Geschätzte Flugzeit für die Strecke angeben !
- Art des Fluges - ob VFR oder IFR - angeben !

Bei gut erscheinender Wetterlage kann und soll man sich der 'Flugwettervorhersage für die Allgemeine Luftfahrt' über automatische Anrufbeantworter (AFWA) bedienen.

Dieses Vorhersagesystem gilt nur für VFR-Flüge in der BR Deutschland bis FL 100 und wird im Band 2 dieser Lehrbuchserie (Grundlagen der Flugwetterkunde) unter Kapitel 14.4 genauer beschrieben.

Die Telefon-Nummern dieses Anrufbeantworter-Dienstes sind im Luftfahrthandbuch (AIP) Band 3, Teil MET, oder im Flieger-Taschenkalender auf dem vorderen Vorsatzpapier zu finden!

Nachdem die Flugwetterberatung eingeholt ist, muß der Flugzeugführer allein entscheiden, ob der Flug für ihn sicher durchzuführen ist!

> ***Merke: Hüten Sie sich vor Grenzwettersituationen, die in der Vorhersage über Anrufbeantworter mit dem Kennbuchstaben M ( = MIKE ; engl. : marginal weather conditions) bezeichnet werden !***

## 8.1.3 Die Flugplanung und Flugvorbereitung auf der Luftfahrtkarte

Ein Überlandflug nach den unter 6.0 beschriebenen Grundsätzen der Koppelnavigation in Verbindung mit der Sichtnavigation bereitet dem Flugzeugführer, der in der Lage ist, eine Luftfahrtkarte zu lesen (siehe Seite 67 bis 69, **'Kartensymbole und Kartenlesen'**), normalerweise keine besonderen Schwierigkeiten. Sollten sich aber unterwegs unvorhergesehene Dinge ergeben, die den geplanten Flug auf der geplanten Strecke schwierig gestalten (Sichtverschlechterung), so reicht es nicht mehr aus, nur einen Strich vom Abflugort zum Zielort auf der Karte zu haben, auf dem man das Flugzeug von einem markanten Geländepunkt über den anderen zum Zielflugort führt.
Bei plötzlich eintretender Sichtverschlechterung - und das ist nicht selten der Fall! - werden diese Sichtmarken auf einmal nicht mehr erkannt und der Flugzeugführer gerät in große Unsicherheit. Einem Teil dieser Unsicherheit kann man aber schon vor Antritt des Fluges bei der Flugvorbereitung auf der Luftfahrtkarte entgehen, indem man folgende **Grundsätze der Flugplanung** immer beachtet:

- Ziehe einen Strich auf der Karte, der den Abflugort mit dem Zielort verbindet!
  Diese sogenannte Kurslinie sollte genau in der Mitte des Flugplatzsymbols vom Abflugplatz beginnen und ebenfalls genau in der Mitte des Flugplatzsymbols des Zielflugplatzes enden.
  Soll oder kann die Strecke aus irgendwelchen Gründen (Kontrollzone, Gefahren- oder Beschränkungsgebiet usw.) nicht direkt vom Abflug- zum Zielflugplatz verlaufen, so muß sie in zwei oder mehrere Streckenabschnitte aufgeteilt werden, die dann natürlich verschiedene Richtungen haben.
  Ein Abweichen vom direkten Kurs ist häufig auch dann erforderlich, wenn man die Strecke über ein Funkfeuer (VOR / NDB) zum Zielort plant, das nicht auf der direkten Strecke liegt, aber die Navigation wesentlich erleichtert.
  Der nächste Schritt besteht darin, daß das zu überfliegende Gelände auf der Strecke – vor Antritt des Fluges, bei der Flugplanung – genau studiert wird.

- Suche geeignete Geländepunkte in Abständen von 10 bis 20 NM entlang der Strecke aus und unterteile die Strecke an diesen Punkten mit einer besonderen Markierung.

  ***Merke: Während des Fluges sollen diese Kontrollpunkte zur Kurskontrolle und zur Überprüfung der Geschwindigkeit über Grund (GS) verwendet werden!***

  Diese Punkte müssen deshalb markant sein, damit Verwechselungen ausgeschlossen sind.
  Solche Punkte brauchen nicht unbedingt genau auf der Kurslinie zu liegen. Auch gut auszumachende Punkte bis zu 5 NM rechts oder links der Kurslinie eignen sich hervorragend für die erwähnten Kontrollzwecke.
  Welche Geländepunkte sollte man vorzugsweise auswählen?
  Hier ein paar Hinweise:

  - Große Ortschaften
  - Größere Seen und Flüsse
  - Autobahnen und größere Straßen (Bundesstraßen)
  - Eisenbahnlinien
  - **Flugplätze entlang der Kurslinie - sehr wichtig bei Notfällen! - Deshalb besonders markieren!**

Bei der Auswahl von Ortschaften ist eine gewisse Vorsicht geboten, da kleinere Ortschaften sich oft als eine Ansammlung von wenigen Häusern entpuppen, die aus der Luft nur schwer voneinander zu unterscheiden sind.
Man liegt immer richtig, wenn man nur Ortschaften, die auf der Karte mit einem 'gelben Fleck' dargestellt sind, als Kontrollpunkt für Navigationszwecke aussucht. In dünn besiedelten Gebieten kann aber auch ein kleiner Ort sehr hilfreich sein.

*Merke: In der Nähe des Zielflugplatzes – wenn möglich – immer eine Auffanglinie festlegen!*

Zu diesem Zweck eignen sich **quer** zur Kurslinie verlaufende Flüsse, Eisenbahnlinien, Autobahnen/Straßen usw. besonders gut. Überfliegt man eine solche 'Auffanglinie' am Ende der Flugstrecke, ohne den Zielflugplatz gefunden zu haben, so ist es an der Zeit umzukehren und den Platz dort zu suchen, wo er sich – bezogen auf die Auffanglinie – befindet.

- Beachte auf der Kurslinie oder rechts und links davon liegende **Gefahrengebiete (ED-D), Beschränkungsgebiete (ED-R), C-Lufträume** und **Kontrollzonen (CTR)!**
  Die zu meidenden Höhen sind meist im Gebiet selbst oder daneben aufgedruckt!

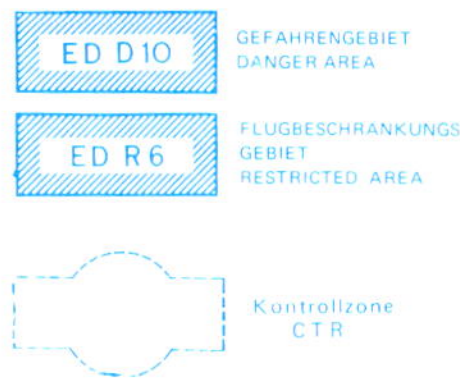


Abb. 106

- Suche entlang der Kurslinie und mindestens 5 NM zu jeder Seite die **höchsten Erhebungen** des Geländes und **Hindernisse** (z. B. Sendemasten, Fernsehtürme) heraus und markiere sie besonders!
  Nach diesen Daten wird dann die **Reiseflughöhe** unter Berücksichtigung der vorgeschriebeben Mindestsicherheitshöhe (§ 6, LuftVO) festgelegt.

*Merke: Bei Überlandflügen in niedriger Höhe muß der Flugzeugführer die Lage und die Höhe aller Bodenerhebungen und Hindenisse entlang seines Flugweges genau kennen!*

Will man die Koppel- und Sichtnavigation durch **Funknavigation** (ADF/VOR) unterstützen, so muß jetzt noch eine Liste der auf der Flugstrecke in Frage kommenden Funknavigationsanlagen (NDB/VOR) mit den Frequenzen und der Reichweite der Anlage angefertigt werden. Es empfiehlt sich, daß VOR-Stationen mit ATIS-Ausstrahlung **(siehe Band 2, S. 112)** besonders gekennzeichnet werden. Sie senden zu festgelegten Zeiten Lande- und Startinformationen für den betreffenden Flughafen mit der aktuellen Flughafen-Wettermeldung (METAR) und einer Landewettervorhersage (TREND) aus.

## 8.1.4 Der Gebrauch des Kursdreiecks (oder Kurslineal), des Navigationsrechners und des Fluglog-Formulars bei der Flugvorbereitung

- Nachdem die Kurslinie oder die Kurslinien im Kartenblatt eingetragen sind, wird mit dem Kursdreieck (Kurslineal) der **rechtweisende Kurs über Grund – *TC/rwK*** gemessen.

*Merke: Wollen Sie den Flug in Höhen über 5000 ft MSL durchführen, so muß jetzt der mißweisende Kurs über Grund – mwK/MC = Magnetic Course – mit Hilfe der Isogonen bestimmt werden!*

Da die in diesen Höhen zur Anwendung kommenden **Halbkreisflughöhen (Semi-circular cruising levels)** nach dem mißweisenden Kurs über Grund **– mwK/MC = Magnetic Course –** ausgewählt werden müssen, ist diese Zwischenrechnung unbedingt erforderlich!

Wie war das doch mit den Halbkreisflughöhen? Zur Erinnerung hier ein Auszug aus den Bestimmungen (LuftVO und Durchführungsverordnung zur LuftVO):

a) **Bei Flügen nach Sichtflugregeln in und unterhalb einer Höhe von 5000 ft MSL** oder **in und unterhalb einer Höhe von 2000 ft über Grund –** wobei der **höhere Wert** maßgebend ist – ist der Höhenmesser auf den **QNH-Wert** des zur Flugstrecke **nächstgelegenen Flughafens** mit Flugverkehrskontrolle einzustellen.

b) **Oberhalb dieser Höhe** ist der Höhenmesser auf **1013,2 Hektopascal (hPa)** einzustellen (Standard-Höhenmessereinstellung.
Dabei ist die **Flugfläche** einzuhalten, die nach den **Regeln über Halbkreisflughöhen** (Seite 118) dem jeweiligen **mißweisenden Kurs über Grund** entspricht.

**Anmerkung: Flugflächen** sind zum Zwecke der **Höhenstaffelung** vorgesehene Flächen in der Atmosphäre, die durch festgelegte Anzeigewerte eines auf **1013,2 Hektopascal (hPa)** eingestellten Höhenmessers bestimmt sind.

Halbkreis-Flughöhe ist die festgelegte Reiseflughöhe, die nach der jeweiligen Hälfte der Kompaßgradeinteilung, in der der mißweisende Kurs über Grund liegt, bestimmt wird.

- **Halbkreis-Flughöhen · Semi-circular Cruising Levels**

Dort anzuwenden, wo die Luftverkehrs-Ordnung Halbkreis-Flughöhen vorschreibt (Höhenmesser auf 1013,2 hPa einstellen). VFR-Flüge **ohne Flugverkehrsfreigabe** nur bis FL 100 (Luftraum C/Airspace CHARLIE).

| mwK über GND von 000° bis 179° | | | | | | mwK über GND von 180° bis 359° | | | | | |
|---|---|---|---|---|---|---|---|---|---|---|---|
| Flüge nach Sichtflugregeln | | | Flüge nach Instrumentenflugregeln | | | Flüge nach Sichtflugregeln | | | Flüge nach Instrumentenflugregeln | | |
| Flug-fläche | **Flughöhe** Meter | Fuß | Flug-fläche | **Flughöhe** Meter | Fuß | Flug-fläche | **Flughöhe** Meter | Fuß | Flug-fläche | **Flughöhe** Meter | Fuß |
| **55** | **1700** | **5500** | 50 | 1500 | 5000 | **65** | **2000** | **6500** | 60 | 1850 | 6000 |
| **75** | **2300** | **7500** | 70 | 2150 | 7000 | **85** | **2600** | **8500** | 80 | 2450 | 8000 |
| **95** | **2900** | **9500** | 90 | 2750 | 9000 | **105** | **3200** | **10500** | 100 | 3050 | 10000 |
| **115** | **3500** | **11500** | 110 | 3350 | 11000 | **125** | **3800** | **12500** | 120 | 3650 | 12000 |
| **135** | **4100** | **13500** | 130 | 3950 | 13000 | **145** | **4400** | **14500** | 140 | 4250 | 14000 |
| **155** | **4700** | **15500** | 150 | 4550 | 15000 | **165** | **5050** | **16500** | 160 | 4900 | 16000 |
| **175** | **5350** | **17500** | 170 | 5200 | 17000 | **185** | **5650** | **18500** | 180 | 5500 | 18000 |
| **195** | **5950** | **19500** | 190 | 5800 | 19000 | | | | 200 | 6100 | 20000 |
| | | | | usw. | | | | | | usw. | |

Nach diesem Einschub zum oft mißverstandenen Thema 'Halbkreisflughöhen' nun weiter mit der Flugvorbereitung.

- Jetzt wird die **Entfernung zwischen den einzelnen Kontrollpunkten auf der Kurslinie (Kurslinien) mit einem Lineal oder mit einem Stechzirkel an einem in Grad und Minuten unterteilten Meridian oder am Längenmaßstab (am unteren Rand der Karte) bestimmt. Die einzelnen Entfernungen werden zum Schluß addiert und ergeben dann die Gesamtentfernung vom Abflugort zum Zielort.**
- Anhand der bei der Flugwetterberatung erhaltenen **Höhenwindvorhersage für die ausgewählte Flughöhe** berechnet man nun mit den zur Verfügung stehenden Navigationsdaten – ***TAS, TC*** und ***W/V*** – den ***rechtweisenden Steuerkurs – TH/rwSK*** und die ***Geschwindigkeit über Grund - GS/Vg*** - für die einzelnen Streckenabschnitte.
- Dann wird durch Anhängung der **Ortsmißweisung** - ***VAR/OM*** und der **Kompaßablenkung - Deviation** - ***DEV*** *an den* ***rechtweisenden Steuerkurs - TH/rwSK*** der ***Kompaß-Steuerkurs - CH/KSK*** für die einzelnen Streckenabschnitte bestimmt.
- Zum Schluß wird aus der vorher errechneten **Geschwindigkeit über Grund** - ***GS/Vg*** und der ermittelten **Gesamtentfernung** vom Abflug – zum Zielflugplatz die **voraussichtliche Gesamtflugzeit** - ***EET (= estimated elapsed time)*** *bestimmt. Hat man die Strecke – wie es immersein sollte! – durch Kontrollpunkte (markante Geländepunkte) in einzelne Streckenabschnitte unterteilt, so muß die* ***voraussichtliche Flugzeit – EET***

- ***für die einzelnen Streckenabschnitte - also von Kontrollpunkt zu Kontrollpunkt - berechnet werden!***

Die Addition der **voraussichtlichen Flugzeiten** - ***EET*** für die einzelnen Streckenabschnitte (engl.: legs) ergibt dann die ***voraussichtliche Gesamtflugzeit.***

- Nun sind wir 'bald' mit der **Flugvorbereitung** fertig! Haben wir auch nichts vergessen? Natürlich! Die **Kraftstoffbedarfs - Berechnung** fehlt noch!
Mit der voraussichtlichen Gesamtflugzeit - ***EET*** und dem aus dem Flughandbuch entnommenen Krafstoffverbrauch pro Stunde ***(l/h)*** in der ausgewählten Flughöhe bei der Motorleistung, für die wir uns entschieden haben, wird nun noch der **Kraftstoffbedarf**

- ***PLUS mindestens 30 Minuten RESERVE!***

für den Flug errechnet.

Alle wichtigen Daten - die bereits gegebenen wie die errechneten - werden der Übersicht halber in einen

- ***Flugdurchführungsplan (engl.: flight log)***

eingetragen, der wie folgt aussehen könnte:

Seemeilen/Nautical Miles - Maßstab/Scale 1 : 500.000

| 8. 8. 95 | FR 172 F | D-EEAP | Müller | A | INFO FREQ 122.85 | Startzeit/Time Of Departure 1000 / 1007 | B | INFO FREQ 122.00 |
|---|---|---|---|---|---|---|---|---|

| STRECKEN ROUTES | START A – NACH 2 | VON 2 – NACH 3 | FROM 3 – TO 4 | VON 4 – NACH 5 | VON 5 – NACH 6 | VON 6 – NACH 7 | FROM 7 – TO 8 | VON 8 – LANDEORT B |
|---|---|---|---|---|---|---|---|---|
| Sicherheitsmindesthöhe MIN SAFE ALT | 1500 FT | — FT | — FT | — FT | — FT | — FT | 1500 FT | 1300 FT |
| Reiseflughöhe Cruising ALT/LEVEL | 3000 FT | — | — | — | — | — | — | 3000 FT |
| rwK/ TC | 080° | — | — | — | — | — | — | 080° |
| WIND (in der geplanten Flughöhe) | 310° 30 KT | — | — | — | — | — | — | 310° 30 KT |
| LUVWINKEL / WCA ± | −17° | −11° | — | — | — | — | −11° | −17° |
| rwSK/TH | 063° | 069° | — | — | — | — | 069° | 063° |
| OM/VAR ± | −2° | — | — | — | — | — | — | −2° |
| mwSK/MH | 065° | 071° | — | — | — | — | 071° | 065° |
| DEV ± | 0° | — | — | — | — | — | — | 0° |
| KSK/CH | 065° | 071° | — | — | — | — | 071° | 065° |
| DIST- Entfernung Distance | 11 NM | 32 NM | 14 NM | 16 NM | 12 NM | 15 NM | 10 NM | 8 NM |
| GS- Geschw. über Grund Ground Speed | 95 KT | 137 KT | — KT | — KT | — KT | — KT | 137 KT | 95 KT |
| EET- Geplante Flugzeit Time En-route | 7 Min | 14 Min | 6 Min | 7 Min | 5 Min | 7 Min | 4 Min | 5 Min |
| ÜBERFLUGPUNKTE/CROSSING POINTS – Check Points (z. B./e. g.: VOR Radials, Autobahnen/Highways, Eisenbahn/Railway, Reporting Points, VDF-FREQ) | Sende=mast (links) | See | Fluß | Eisen=bahn | Straßenz kreuzung | Lande=platz (links) | Fluß | Auto=bahn! |
| NAV AIDS – VOR FREQ | VOR FREQ | VOR FREQ | VOR FREQ | VOR FREQ | VOR FREQ | VOR FREQ | VOR FREQ | VOR FREQ |
| NAV AIDS – VOR IDENT | KENNUNG | IDENT | KENNUNG | IDENT | KENNUNG | IDENT | KENNUNG | IDENT |
| NAV AIDS – NDB FREQ | NDB FREQ | NDB FREQ | NDB FREQ | NDB FREQ | NDB FREQ | NDB FREQ | NDB FREQ | NDB FREQ |
| NAV AIDS – NDB IDENT | IDENT | KENNUNG | IDENT | KENNUNG | IDENT | KENNUNG | IDENT | KENNUNG |
| Zeit/Time – Überflugzeit/Time over – SOLL ETO | 1014 | 1029 | 1036 | 1043 | 1049 | 1057 | 1102 | 1106 |
| Zeit/Time – Überflugzeit/Time over – IST ATO | 1015 | 1030 | 1036 | 1044 | 1050 | 1057 | 1101 | 1105 |

| VOLMET FREQ | |
|---|---|
| Bremen: 127.40 | |
| Frankfurt: 127.60 | |
| FIS FREQ | Düssel=dorf: 135.35 (Beispiel) |
| Entfernung Distance TOTAL: | 118 NM |
| EET TOTAL: | 55 MIN |
| Landezeit Ldg. Time: | 1112 |

| | |
|---|---|
| TAS Steigflug/Climb | 80 KT |
| TAS Reiseflug/Cruise | 120 KT |
| WIND 1500 ft MSL: | — °/ — KT |
| WIND 3000 ft MSL: | 310 °/ 30 KT |
| WIND 5000 ft MSL: | — °/ — KT |
| WIND FL 100: | — °/ — KT |
| 0° -Grenze Freezing Level | FL 120 |

**Unterwegs-Informationen En-route Information** (NOTAM, FIS, SIGMET, FREQ etc.):

FS-Beratung:
A: Grass RWY 11/29 CLSD!
Strecke: Starke mil. Tief=flugtätigkeit bis 1500 ft GND von 06^00 bis 16^00 UTC (NATO-Übung)!
B: VDF 122.00 u/s, Wind=anzeiger u/s!
Wetter-Beratung: GAFOR, Gebiete auf der Strecke „OSCAR"!
SS: 1854 UTC

Wichtige/ Important FREQ

| | |
|---|---|
| Not-/Emergency FREQ | 121.500 |
| Mil. Wach-/Guard FREQ | 122.100 |

| | | | | | | | | | | | |
|---|---|---|---|---|---|---|---|---|---|---|---|
| Alpha | ·– | Foxtrott | ··–· | Kilo | –·– | Oscar | ––– | Sierra | ··· | Whiskey | ·–– |
| Bravo | –··· | Golf | ––· | Lima | ·–·· | Papa | ·––· | Tango | – | X ray | –··– |
| Charlie | –·–· | Hotel | ···· | Mike | –– | Quebec | ––·– | Uniform | ··– | Yankee | –·–– |
| Delta | –·· | India | ·· | November | –· | Romeo | ·–· | Viktor | ···– | Zulu | ––·· |
| Echo | · | Juliett | ·––– | | | | | | | | |

Kilometer / Kilometres - Maßstab / Scale 1 : 500.000

cm 1 : 100

Abb. 107 — Flugdurchführungsplan (flight log)

## Gebietseinteilung für die Beratung der Allgemeinen Luftfahrt über automatische Anrufbeantworter (AFWA/GAFOR)

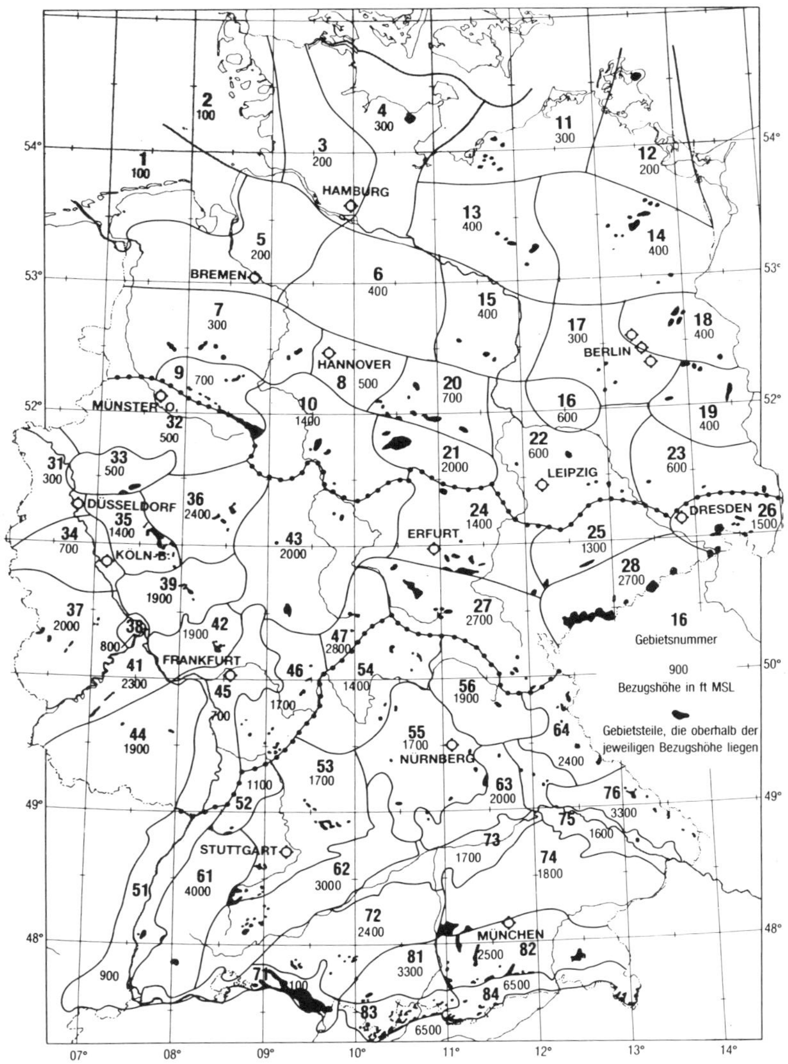


### BEREICH NORD

★ = Vorhersageperioden

| ★ | 1. | 2. | 3. | ★ | 1. | 2. | 3. |
|---|---|---|---|---|---|---|---|
| 1 | | | | 23 | | | |
| 2 | | | | 24 | | | |
| 3 | | | | 25 | | | |
| 4 | | | | 26 | | | |
| 5 | | | | 27 | | | |
| 6 | | | | 28 | | | |
| 7 | | | | 31 | | | |
| 8 | | | | 32 | | | |
| 9 | | | | 33 | | | |
| 10 | | | | 34 | | | |
| 11 | | | | 35 | | | |
| 12 | | | | 36 | | | |
| 13 | | | | 37 | | | |
| 14 | | | | 38 | | | |
| 15 | | | | 39 | | | |
| 16 | | | | 41 | | | |
| 17 | | | | 42 | | | |
| 18 | | | | 43 | | | |
| 19 | | | | 44 | | | |
| 20 | | | | 45 | | | |
| 21 | | | | 46 | | | |
| 22 | | | | 47 | | | |

| | |
|---|---|
| Berlin | 030/19725 |
| Bremen | 0421/19704 |
| Düsseldorf | 0211/19721 |
| Hamburg | 040/19713 |
| Hannover | 0511/19710 |
| Köln-Bonn | 02203/19702 |
| Münster-Osn. | 02571/19702 |

BTX-Nr.: 44440811

### BEREICH SÜD

★ = Vorhersageperioden

| ★ | 1. | 2. | 3. | ★ | 1. | 2. | 3. |
|---|---|---|---|---|---|---|---|
| 24 | | | | 52 | | | |
| 25 | | | | 53 | | | |
| 26 | | | | 54 | | | |
| 27 | | | | 55 | | | |
| 28 | | | | 56 | | | |
| 31 | | | | 61 | | | |
| 32 | | | | 62 | | | |
| 33 | | | | 63 | | | |
| 34 | | | | 64 | | | |
| 35 | | | | 71 | | | |
| 36 | | | | 72 | | | |
| 37 | | | | 73 | | | |
| 38 | | | | 74 | | | |
| 39 | | | | 75 | | | |
| 41 | | | | 76 | | | |
| 42 | | | | 81 | | | |
| 43 | | | | 82 | | | |
| 44 | | | | 83 | | | |
| 45 | | | | 84 | | | |
| 46 | | | | | | | |
| 47 | | | | | | | |
| 51 | | | | | | | |

BTX-Nr.: 44440812

| | |
|---|---|
| Frankfurt | 069/19737 |
| München | 089/19706 |
| Nürnberg | 0911/19708 |
| Stuttgart | 0711/227964 |

### GAFOR - Einstufungskriterien

| | |
|---|---|
| **CHARLIE =** (nur national) | Horizontale Sichtweite am Boden 10 km oder mehr und keine Wolken mit einem Bedeckungsgrad von 4/8 oder mehr unterhalb 5000 ft über der jeweiligen Bezugshöhe |
| **OSCAR =** Offen/open | Horizontale Sichtweite am Boden 8 km und mehr und keine Wolkenuntergrenze (4/8 oder mehr) unter 2000 ft über der jeweiligen Bezugshöhe |
| **DELTA =** Schwierig/difficult | Horizontale Sichtweite am Boden weniger als 8 km, mindestens jedoch 3 km **und/oder** Wolkengrenze (4/8 oder mehr) unter 2000 ft, jedoch nicht unter 1000 ft über der jeweiligen Bezugshöhe |
| **MIKE =** Kritisch/marginal ★ | Horizontale Sichtweite am Boden weniger als 3 km, mindestens jedoch **1,5 km und/oder** Wolkenuntergrenze (4/8 oder mehr) unter 1000 ft, jedoch nicht unter 500 ft über der jeweiligen Bezugshöhe |
| **X-RAY =** Geschlossen/closed | Horizontale Sichtweite am Boden weniger als 1,5 km **und/oder** Wolkenuntergrenze (4/8 oder mehr) unter 500 ft über der jeweiligen Bezugshöhe |

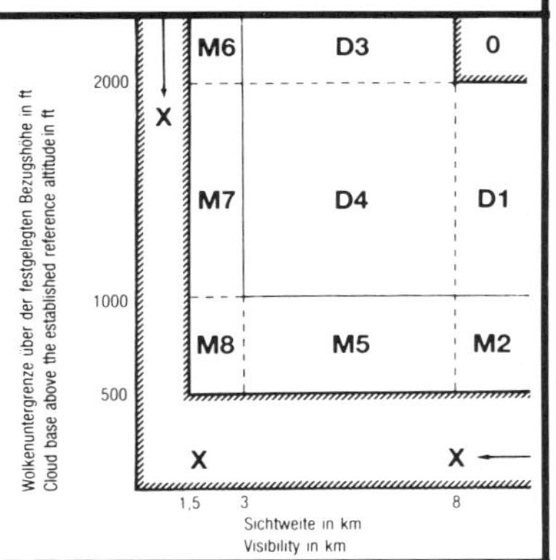




Abb. 108 — Rückseite des Flugdurchführungsplans

Sie haben sicher schon bemerkt, daß die im **Flugdurchführungsplan** eingetragenen Daten zum größten Teil unserem Beispiel auf den Seiten 95 bis 97 **(Abb. 81)** entnommen sind. Alle anderen Daten sind frei erfunden. Es handelt sich also um einen imaginären Flug von **Flugplatz A** über die **durchnumerierten Kontrollpunkte** zum **Flugplatz B**. Als **Ausweichflugplatz** (engl.: alternate aerodrome) eignet sich der links neben dem **Kontrollpunkt 7** liegende **Landeplatz** hervorragend.

Für den **Steigflug** (Abflug von Flugplatz A) **auf 3000 ft MSL** bis **Kontrollpunkt 2** und für den **Sinkflug** (Anflug) von **Kontrollpunkt 8 nach Flugplatz B** (Platzrundenhöhe 1300 ft MSL) wurde eine **TAS/Ve** von **80 KT** eingesetzt. Auf der Strecke liegen keine **Gefahren- oder Beschränkungsgebiete** (ED-D, ED-R), **C-Lufträume** und keine **Kontrollzonen** (CTR).

- Unter der Annahme, daß das zu überfliegende **Gelände** bei diesem imaginären Überlandflug im Durchschnitt eine Höhe von **1000 ft MSL** (höchste Erhebung) aufweist und der Flug an einem **Wochentag** stattfinden soll, haben wir uns aus folgendem Grunde für eine **Mindestflughöhe** von **3000 ft MSL** entschieden:

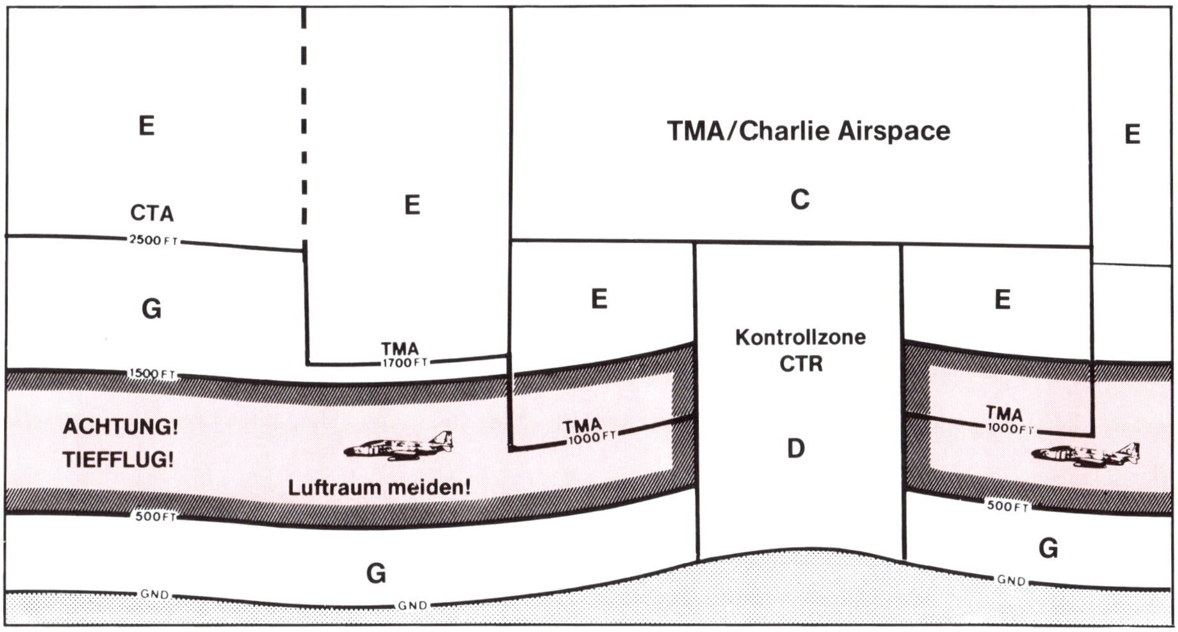


Abb. 109 — Militärische Tiefflüge (Mon - Fri SR - 30 bis 1600 UTC)

- Die **Kartenvorbereitung** (siehe auch 8.1.3) für einen VFR-Flug – nachstehend für den im Flugdurchführungsplan (Abb. 107) eingetragenen Flug – sollte *zumindest* immer so durchgeführt werden:

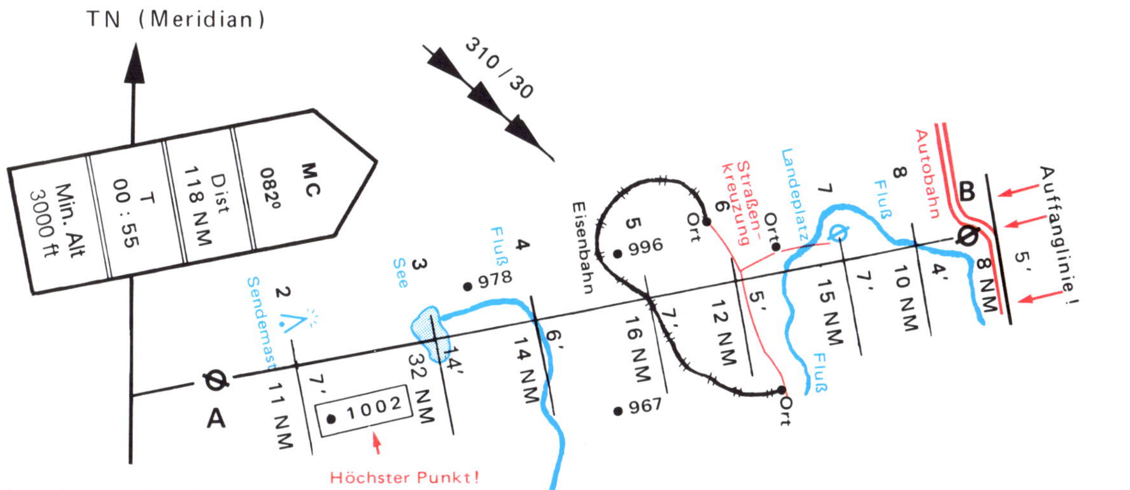


Abb. 110 — Kartenvorbereitung für VFR-Flug

## 8.2 Flugdurchführung und richtige Anwendung des Flugdurchführungsplans (flight log)

Nun noch einige **wichtige Hinweise** zum **richtigen Ausfüllen** und zur **richtigen Anwendung** des **Flugdurchführungsplans** (engl.: flight log) bei der **Flugdurchführung:**

***Kopfleiste:***

Hier wird immer das **Datum des Fluges** (nicht der Tag der Flugvorbereitung) eingetragen. Die anderen Felder bedürfen keiner Erklärung.

***Hauptfelder:***

● **STRECKEN/ROUTES (Kontrollpunkte):**

Zuerst wird der Startflugplatz eingetragen. Danach diejenigen Punkte, an denen nach Karte und Zeit eine Kontrolle des Flugablaufes erfolgen soll. Der erste Kontrollpunkt sollte am Ende des Steigflugs, jedoch nicht später als etwa 6-8 Minuten nach dem Start liegen. Die weiteren Kontrollpunkte werden zweckmäßigerweise in Abständen von nicht mehr als 15 Flugminuten vorgesehen.
Reichen die 8 Reihen für einen längeren Flug nicht aus, wird die Planung auf einem zweiten Blatt fortgeführt. Abschluß ist der Zielflugplatz.

● **Sicherheitsmindesthöhe/MIN SAFE ALT:**

Die Sicherheitsmindesthöhe richtet sich nach den Bestimmungen der LuftVO, Notlandemöglichkeiten, Hindernissen usw.. Sie sollte für einen Streifen von je 5 NM links und rechts des Kurses festgelegt werden. In diesem Streifen ist zur Höhe des im Flugabschnitt jeweils höchsten Hindernisses ein Zuschlag von 500 ft zu machen.

● **Reiseflughöhe/Cruising ALT (geplante Flughöhe):**

Zwischen zwei Kontrollpunkten vorgesehene Flughöhe, bei der berücksichtigt wurde:
- Sicherheitsmindesthöhe,
- Flugwetter (Flugsicht, Bewölkung, Höhenwinde, Vereisung),
- Luftfahrzeugleistungen (Triebwerk, Kraftstoffverbrauch, Reichweite, Flugdauer, evtl. Gleitwinkel),
- Luftverkehrsbestimmungen (kontrollierter/unkontrollierter Luftraum, Flugbeschränkungsgebiete, Halbkreisflughöhen, usw.),
- Flugbetriebsverfahren (Tieffluggebiete, Luftraumaktivitäten, größere Wald- oder Wasserflächen).

● **rwK/TC:**

Der rechtweisende Kurs wird mit Kursdreieck oder Kreisscheibe aus der Luftfahrkarte entnommen und zwar am Mittelmeridian des jeweiligen Flugabschnittes.

● **Wind:**

Höhenwind aus der Vorhersage in der geplanten Flughöhe in Grad und Knoten.

● **Luvwinkel/WCA:**

Luvwinkel rechnerisch oder zeichnerisch bestimmen, Vorzeichen beachten!

● **rwSK/TH:**

Der rechtweisende Steuerkurs ergibt sich aus rwK/TC ± Luvwinkel/WCA.

● **OM/VAR:**

OM = Ortsmißweisung – wegen der jährlichen Änderung nur aus der jeweils gültigen Luftfahrkarte für jeden Streckenabschnitt entnehmen.
**Merke:** Westliche OM/VAR (Vorzeichen –) wird zum rwSK/TH hinzugezählt (addiert)!
Östliche OM/VAR (Vorzeichen +) wird vom rwSK/TH abgezogen (subtrahiert)!

● **mwSK/MH:**

Der mißweisende Steuerkurs ergibt sich aus rwSK/TH ± OM/VAR (Regel beachten!).

● **DEV**

Beachten Sie vor dem Start auch die im Flugzeug befindliche Deviationstabelle des Magnetkompasses. Ist die Deviation (DEV) größer als 3°, so sollten Sie zum **Kompaß-Steuerkurs (KSK / CH)** hin entsprechend verbessern.

- **KSK / CH**
  Der Kompaß-Steuerkurs ergibt sich aus mwSK/MH ± DEV. Diese Spalte haben wir in unserem Flugdurchführungsplan blau markiert, denn – nur der richtige Kompaß-Steuerkurs führt Sie sicher zum gewünschten Ziel!

  > ***Merke:***
  > ***Kurskreisel spätestens an jedem Kontrollpunkt auf Übereinstimmung mit dem Magnetkompaß prüfen und erforderlichenfalls nachstellen!***

- **DIST-Entfernung/Distance:**
  Die Länge jedes Streckenabschnittes wird aus der Luftfahrtkarte entnommen, am nächsten Meridian mit Skala (oder an der Längenskala) bestimmt und in diese Spalte eingetragen.
  **Entfernung/Distance TOTAL:** Die einzelnen Streckenabschnittslängen (von Kontrollpunkt zu Kontrollpunkt) werden addiert, so daß sich am Ende die Gesamtentfernung vom Startflugplatz zum Zielflugplatz ergibt. Die ermittelte Gesamtentfernung wird in das blaue Feld eingetragen.

- **GS – Geschwindigkeit über Grund/Ground Speed:**
  In diese Spalte wird die vorher schon mit den Werten **TAS, rwK, Wind** und **Luvwinkel/WCA** zusammen ermittelte Geschwindigkeit über Grund für jeden Streckenabschnitt eingetragen. Die Bestimmung kann sowohl rechnerisch als auch zeichnerisch erfolgen.

- **EET – Geplante Flugzeit/Time Enroute (Estimated Elapsed Time):**
  Die geplante (voraussichtliche) Flugzeit (EET) aus **DIST** (Entfernung) und **GS** (Geschwindigkeit über Grund) für jeden Streckenabschnitt von Kontrollpunkt zu Kontrollpunkt errechnen und hier eintragen.
  **EET TOTAL:** Die voraussichtlichen Flugzeiten für die einzelnen Streckenabschnitte werden addiert. Falls erforderlich, sind Zeitzuschläge für Steigflug (Abflugverfahren) und Sinkflug (Anflugverfahren) zu machen. Die ermittelte voraussichtliche (geplante) Gesamtflugzeit vom Startflugplatz bis zum Zielflugplatz wird in das blaue Feld eingetragen.

***Überflugpunkte/Crossing Points:***

- **Kontrollpunkte/Check Points:**
  In diese Felder können und sollen wichtige Hinweise zu den einzelnen Kontrollpunkten – wie z.B. Sendemast, See, Fluß, Eisenbahnlinie, VOR Radials usw. – eingetragen werden.

- **NAV AIDS (Funknavigation) – VOR/NDB:**
  Wollen Sie Ihre Koppel- und Sichtnavigation durch die **Funknavigation** mit **VOR** und/oder **ADF** unterstützen, so werden hier die auf der geplanten Flugstrecke in Frage kommenden **Funknavigationsanlagen** (VOR/NDB) mit den dazugehörigen **Frequenzen** und **Kennungen** im Morse-Code eingetragen.
  Bedenken Sie jedoch, daß die **Funknavigation bei VFR-Flügen nur zur Unterstützung** der Flugdurchführung verwendet werden soll, denn in geringen Flughöhen ist – besonders im VHF-Bereich (VOR) – mit falschen Anzeigen oder gar Ausfall des Funkempfangs zu rechnen.

- **Überflugzeit/Time over (ETO/ATO):**
  **1. Die voraussichtliche Überflugzeit (ETO = Estimated Time Over):**
  Nach dem Start die tatsächliche Startzeit (ATD = Actual Time of Departure) im Feld ATD in der Kopfleiste eintragen. Sobald Sie die Gelegenheit hierzu haben (nach dem Einfahren der Klappen oder z.B. nach Ausflug aus der Platzrunde), die **ETO** für den ersten Kontrollpunkt durch Addieren der Zeit für den ersten Abschnitt zur Startzeit eintragen. Auf diese Weise wird die Zeit von Kontrollpunkt zu Kontrollpunkt und schließlich die Zeit bis zum Zielflugplatz vorausberechnet. Durch Vergleich mit der darunterliegenden Spalte ATO (= Actual Time Over) stellen Sie fest, ob der Flug zeitplanmäßig verläuft.
  **2. Die tatsächliche Überflugzeit (ATO = Actual Time Over):**
  An jedem Kontrollpunkt wird die tatsächliche Überflugzeit (ATO) eingetragen und mit der geplanten Zeit (ETO) verglichen. Zeitfehler (z.B. + 2 Min.) sind in der Spalte ETO zu korrigieren.
  Ist der Zeitfehler auf eine **niedrigere** oder **höhere Ve/TAS** oder einen **stärkeren** oder **schwächeren** Wind als vorgesehen zurückzuführen, so muß mit einer entsprechend längeren oder kürzeren Gesamtflugdauer gerechnet werden.
  Diese Flugkontrolle kann in besonders ungünstigen Fällen Anlaß zur Umkehr, zum Anfliegen eines

Ausweichflugplatzes oder zu einer Zwischenlandung zum Tanken sein. Bestehen Zweifel über die Richtung und vor allem die Stärke des Windes, dann fragen Sie über Funk beim zuständigen FIS (Informations-Frequenz) oder bei der FS-Stelle des nächstgelegenen Verkehrsflughafens nach Richtung und Stärke des Windes auf Ihrer Flugstrecke in der beflogenen Höhe.
Die Änderungen der Flugzeiten für die einzelnen Streckenabschnitte müssen Sie wenigstens überschlägig berechnen bzw. nachprüfen, um die Gesamtflugzeit entsprechend berichtigen zu können. Es folgt die Entscheidung, ob der Weiterflug zum Zielflugplatz – bei verlängerter Flugzeit – noch sicher und mit ausreichender Reserve durchgeführt werden kann.

- **Landezeit/Landing Time:**
Eintragung der tatsächlichen Landezeit. Der Unterschied zur Startzeit ist die Flugzeit für Flugbuch und Bordbuch.

Die nachfolgenden Eintragungen sind – soweit es sich nicht um aktuelle Notizen während des Fluges handelt – bei der Flugvorbereitung zu machen:

- **VOLMET FREQ:**
Das Feld ist für die Eintragung von VOLMET - Frequenzen vorgesehen. Auf diesen Frequenzen werden Wetterfunksendungen für Luftfahrzeuge im Fluge ausgestrahlt. Sie enthalten das aktuelle Platzwetter mit Trend (Trend = Landewettervorhersage) für Flughäfen eines bestimmten Bereichs. Der Trend hat eine Gültigkeit von 2 Stunden. Die Ausstrahlung erfolgt in englischer Sprache.

- **FIS FREQ:**
Hier sollen die Frequenzen der für die Flugstrecke in Frage kommenden Fluginformationsdienste (FIS = Flight Information Service) notiert werden.
Die Aufgaben des Fluginformationsdienstes für den VFR-Verkehr bestehen hauptsächlich darin, den Führern von Luftfahrzeugen Informationen und Hinweise zu geben, die für die sichere, geordnete und flüssige Durchführung von Flügen erforderlich sind.
Die entsprechenden FIS-Sektoren und FIS-Frequenzen können Sie der Luftfahrtkarte ICAO 1:500.000 oder dem Flieger-Taschenkalender, Ausgabe BR Deutschland, COM-Teil, entnehmen.

- **Unterwegs-Informationen/Enroute Information:**
Dieses größere Feld (Vorderseite, rechts unten) ist vorgesehen für die Eintragung von:
– wichtigen Informationen des Flugberatungsdienstes (AIS = Aeronautical Information Service) – **siehe nachfolgende Erklärung!**,
– FIS-Informationen (z.B. SIGMET),
– Freigaben und Frequenzen,
– Wettermeldungen (z.B. VOLMET),
– Sonnenuntergang (SS = Sunset) usw.

**Anmerkung zu Sonnenuntergang (SS):**
In jedem Fall eintragen! Voraussichtliche Landezeit und Sonnenuntergang vergleichen und dabei prüfen, ob eine rechtzeitige Landung möglich ist.
Bei Verspätungen wird unter Umständen nicht nur ein unzulässiger Nachtflug durchgeführt, sondern der Zielflugplatz kann bereits geschlossen und dann natürlich unbefeuert sein.

**Anmerkungen zu Flugberatungsdienst (AIS):**
Was ist der **Flugberatungsdienst (AIS = Aeronautical Information Service)**, den jeder Luftfahrer bei Überlandflügen in Anspruch nehmen muß, wie erfolgt die Beratung?

Der Flugberatungsdienst wird durch das Büro der Nachrichten für Luftfahrer und die Außenstellen der DFS an den Verkehrsflughäfen durchgeführt. Hier werden Nachrichten aus dem In- und Ausland gesammelt, bearbeitet und verfügbar gehalten.

Er hat die Aufgabe, dem Luftfahrzeugführer sämtliche für seine Flugvorbereitung notwendigen Unterlagen zur Verfügung zu stellen und ihm eine Flugberatung zu erteilen. Er ist verantwortlich für die Entgegennahme, Prüfung und Weiterleitung der Flugpläne sowie für alle anderen damit im Zusammenhang stehenden Meldungen.

Von ihm werden auch **Flugpläne** von Flügen von und zu Flugplätzen ohne Flugverkehrskontrollstelle **überwacht,** um gegebenenfalls **bei überfälligen Luftfahrzeugen** sofort den **Such- und Rettungsdienst (SAR)** alarmieren und unterstützen zu können.
Letztlich nimmt der Flugberatungsdienst Berichte von Luftfahrzeugführern über besondere Wahrnehmungen während des Fluges entgegen und leitet diese weiter.
Eine **Flugberatung** ist in schriftlicher, mündlicher oder fernmündlicher Form sowie durch Vorlage von Unterlagen (Selbstunterrichtung) möglich.
Die sich aus dem hohen Verkehrsaufkommen im Bereich der Bundesrepublik Deutschland zwangsläufig ergebende, recht komplexe Verfahrensstruktur macht eine enge Zusammenarbeit zwischen Luftfahrzeugführer und Flugsicherung notwendiger denn je.

**Ablauf einer Flugberatung:**

Der Flugberatungsdienst der DFS wird bei Erteilung einer Flugberatung die Informationen im allgemeinen in folgender Reihenfolge geben:

Informationen über
- Startflughafen,
- Zielflughafen,
- Ausweichflughafen (örtliche Flugbeschränkungen, Öffnungszeiten usw.),
- Funknavigationsanlagen (z.B. Änderung von Frequenz, Position und Reichweite),
- Flugsicherungsverfahren (z.B. Änderung von An- und Abflugverfahren, Luftstraßen, FIRs, CTRs),
- Flugbeschränkungs- und Gefahrengebiete (z.B. Höhe und Aktivierungszeiten, Festlegung neuer Gebiete, militärische Übungsgebiete),
- allgemeine und überregionale Informationen, die für die Durchführung eines Fluges von Bedeutung sein können (z.B. Luftsportveranstaltungen).

Persönliche, telefonische oder Beratung über TELEFAX durch den Flugberatungsdienst ist dann erforderlich, wenn die Luftaufsichtstelle/Flugleitung des Startflugplatzes nicht über die notwendigen Unterlagen verfügt!

## *Die Rückseite:*

- **Wetterberatung nach dem GAFOR-System** (GAFOR = General Aviation Forecast):

Neben individuellen Flugwetterberatungen stellt der DWD für die Allgemeine Luftfahrt zusätzlich Flugwettervorhersagen in deutscher Sprache als '**A**utomatische **F**lug**w**etter**a**nsage' (AFWA) über Anrufbeantworter bereit. Die Anrufbeantworter werden von den Flugwetterwarten des DWD, mit Ausnahme von Saarbrücken, betrieben. Sie sind an das öffentliche Fernsprechnetz angeschlossen.

Diese GAFOR-Flugwettervorhersagen werden für die Bereiche NORD und Süd der BR Deutschland ausgegeben. Die Bereiche überlappen sich etwa zwischen dem Ruhr- und Rhein-Main-Gebiet sowie im Südteil der FIR Berlin . Die Vorhersagen für den Überlappungsbereich sind in beiden Berichten inhaltlich gleich.

Die Höhenwinde für 1500 ft (nur Bereich NORD), 3000 ft und 5000 ft MSL sowie für FL 100 werden mit der danach folgenden Nullgrad-Grenze (freezing level) auf der Vorderseite in den dafür vorgesehenen Feldern eingetragen.
Die Vorhersage in drei aufeinanderfolgenden 2-Stunden-Perioden der in jedem Gebiet vorherrschenden Möglichkeiten für VFR-Flüge, eingestuft nach den 5 Kriterien des GAFOR-Codes, wird in das Formular rechts neben der Gebietskarte eingetragen.
Ist die Wetterlage oder -entwicklung nicht eindeutig überschaubar, oder ist das Start- bzw. Zielgebiet bzw. ein Überfluggebiet nicht als **'OFFEN' (= OSCAR)** bezeichnet, dann sollte eine individuelle Wetterberatung eingeholt werden.
Zuständig hierfür ist diejenige Flugwetterwarte, die im Luftfahrthandbuch, Band III, für den Startflugplatz angegeben ist.
**Die Flugwettervorhersagen nach dem GAFOR-System gelten für VFR-Flüge** innerhalb der Bundesrepublik bis zu einer Höhe von FL 100. Im Sinne der nach **§ 3 a LuftVO erforderlichen Flugvorbereitung** sind sie einer individuellen Beratung gleichzusetzen, sofern sie in der **letzten Stunde vor dem Start** abgerufen werden. (Anm.: Bei der Untersuchung besonderer Vorkommnisse gilt – bei nicht individueller Beratung – die Vorhersage der letzten Stunde vor dem Start als Grundlage).

## Zusätzliche Berechnungen

● **Ladeplan:**

Zu jeder sorgfältigen Flugvorbereitung gehört auch eine Massen- und Schwerpunktberechnung, da für viele einmotorige und kleinere zweimotorige Flugzeuge folgendes gilt:

Man kann entweder die **maximale Reichweite** (mit vollen Tanks) oder die **maximale Nutzlast** (mit beschränkter Tankkapazität) in Anspruch nehmen.

● **Start- und Landestreckenberechnung:**

Das Flughandbuch Ihres Flugzeugs (Abschnitt „Flugleistungen") gibt Auskunft darüber, welche Startlauf- bzw. Startstrecke über 15 m Hindernis für die errechnete Gesamtmasse (oder Startmasse) und die Dichtehöhe des Startflugplatzes erforderlich ist. Das gleiche gilt für die Ermittlung der erforderlichen Landestrecke über 15 m Hindernis bzw. der Landerollstrecke am Zielflugplatz.

**Start:**

- Startunfälle führen fast immer zu schweren Personen- und Sachschäden!
- Deshalb immer überprüfen, ob die **erforderliche Mindeststartbahnlänge** vorhanden ist!
- Mindeststartbahnlänge ist die **Startstrecke,** die unter Berücksichtigung aller Korrekturfaktoren (Wind, Temperatur/Luftdichte, Druckhöhe/Platzhöhe, Abfluggewicht, Beschaffenheit/Zustand und Neigung der Bahn)

benötigt wird, **um bis zum Ende der Bahn 15 m (50 ft) Höhe zu erreichen.**

- Die Mindeststartbahnlänge ist dem **Flughandbuch,** Abschnitt „Flugleistungen", zu entnehmen!

**Landung:**

- Immer überprüfen, ob die **erforderliche Mindestlandebahnlänge** vorhanden ist!
- Die **erforderliche Mindestlandebahnlänge** ist die **Landestrecke aus 15 m (50 ft) Höhe über Landebahnbeginn bis zum Stillstand des Flugzeugs.**
- Die Mindestlandebahnlänge ist dem **Flughandbuch,** Abschnitt „Flugleistungen", zu entnehmen!

● **Kraftstoffberechnung:**

Grundlage einer sorgfältigen Berechnung der erforderlichen Kraftstoffmenge ist – neben der Flugzeitberechnung – das Flughandbuch. Die Angaben der Flughandbücher sollten als optimal in Bezug auf Leistungsdaten und optimistisch in Bezug auf Verbrauchsdaten angesehen werden. Zum Beispiel können ältere Luftfahrzeuge, ungenaue Gemischeinstellung, ja schon unruhiges Fliegen Anlaß zu Mehrverbrauch sein. Aus diesen Gründen ist sorgfältig zu prüfen, welche Zuschläge und Reserven eingerechnet werden müssen.

● **Zuschlag, musterabhängig:**

Die reine Reiseflugkalkulation der Flugplanung enthält nicht die notwendigen Zuschläge für

Verbrauch vom Anlassen bis zum Abheben beim Start, Mehrverbrauch im Steigflug, Mehrverbrauch für Abflugverfahren am Startplatz, Mehrverbrauch für Anflugverfahren am Zielflugplatz, ungenaue Gemischeinstellung, navigatorische Ungenauigkeiten, Alterung des Luftfahrzeug-Motors usw.

Die Flughandbücher (besonders für kleinere Luftfahrzeuge) weisen nicht in jedem Falle die erforderlichen Zuschläge bzw. deren Berechnung aus.

Fehlen solche Angaben im Flughandbuch, dann sollten folgende Empfehlungen berücksichtigt werden:

a) **Zusätzlicher Kraftstoff** für die Zeit vom Anlassen bis zum Erreichen der Reiseflughöhe
= Zusatzverbrauch: gleiche Menge wie für 15 Minuten Flugzeit mit Reiseleistung.

b) **Zusätzlicher Kraftstoff** für Ab- und Anflugverfahren
= Zusatzverbrauch: gleiche Menge wie für 10 Minuten Flugzeit mit Reiseleistung.

c) **Zuschlag für Ungenauigkeiten** z.B. durch Alterung des Luftfahrzeugs, ungenaue Gemischeinstellung, ungenaues, unruhiges Fliegen
= Zusatzverbrauch: 10 % des für den Reiseflug errechneten Kraftstoffbedarfs bei Luftfahrzeugen mit starrer Luftschraube und ohne Abgastemperatur-Anzeige (EGT);
5 % des für den Reiseflug errechneten Kraftstoffbedarfs bei allen anderen Flugzeugen.

● **Ausweichflugplatz:** Kraftstoffbedarf bei Reiseleistung errechnen.

Die Einplanung eines Ausweichfugplatzes sollte selbstverständlich sein! Es besteht die Möglichkeit, daß der Zielflugplatz plötzlich wegen Schlechtwetter oder aus anderen Gründen (z.B. Unfall auf der Landebahn) nicht anfliegbar ist.
Unabhängig davon, ob das Vorsehen eines Ausweichflugplatzes vorgeschrieben ist oder nicht, die Einplanung sorgt dafür, daß im Bedarfsfalle eine ausreichende Reserve an Kraftstoff und Flugzeit vorhanden ist; sie gibt außerdem die beruhigende Gewißheit, daß es am Zielflugplatz nicht „drängelig" wird.
Dieser Ausweichflugplatz liegt zeitlich weiter entfernt als der Zielflugplatz. Es sind hier nicht die Flugplätze gemeint, die auf der Strecke – oder in deren Nähe – liegen und in besonderen Fällen angeflogen werden können. Die Flugzeit vom Zielflugplatz zum Ausweichflugplatz muß daher in der Kraftstoffberechnung berücksichtigt werden.

● **Reserve:**
Bei planmäßiger Landung muß am Zielflugplatz noch eine Reserve für mindestens 30 Minuten Reiseflugzeit in den Tanks sein. Das gilt auch für die Mindestreserve bei der letzten Landung im Platzflugbetrieb!

● **Mindest-Kraftstoffbedarf:**
Die Addition der vorstehend aufgeführten Kraftstoffmengen ergibt den Mindestbedarf. Der geplante Flug darf nur dann angetreten werden, wenn mindestens die hier aufgeführte Kraftstoffmenge in den Tanks ist.

● **Extra-Kraftstoff:**
Ist mehr Kraftstoff in den Tanks als der Mindestbedarf, dann ist die über diesen Bedarf hinausgehende Menge Extra-Kraftstoff.

● **Kraftstoffvorrat:**
Die Addition der bisher eingetragenen Kraftstoffmengen ergibt den tatsächlichen Kraftstoffvorrat und die maximal mögliche Flugzeit.

> **Achtung:** Hier darf niemals die Höchstflugdauer aus dem Flughandbuch eingesetzt werden!

● **Sichere Flugzeit:**
Werden von der errechneten maximalen Flugzeit mindestens 30 Minuten (Reserve) abgezogen, ergibt sich die sichere Flugzeit.
Die sichere Flugzeit wird von Flugschulen manchmal erheblich gemindert, wenn es sich um Überlandflüge von Flugschülern handelt. Das zwingt zu sorgfältiger Streckenplanung, aber auch zu rechtzeitigem Nachtanken.
Bei kleineren Luftfahrzeugen – beispielsweise der Klasse E – sollten Überlandflüge stets mit vollen Tanks angetreten werden, wenn dies gewichtsmäßig zulässig ist.

Bei kritischem Wetter oder längeren Flugstrecken sollten Zwischenlandungen zum Auftanken so eingeplant werden, daß bei jeder Landung noch Kraftstoffreserven für mindestens 30 Minuten Flugzeit an Bord sind. Treten durch stärkeren Wind, Kursabweichungen, Höhenwechsel oder ähnliche Umstände Verzögerungen im Flugablauf ein, ist es stets besser zu früh, als auch nur ein einziges Mal zu spät zum Nachtanken zwischengelandet zu sein! Es ist erwiesenermaßen besser, geringe Mengen Kraftstoff 'spazieren zu fliegen', als ohne Kraftstoff einen Acker zur Notlandung anvisieren zu müssen, mit der Wahrscheinlichkeit, zumindest Sachschaden zu riskieren. Auch ist eine noch so sorgfältige Kraftstoffberechnung wenig sinnvoll, wenn aufgrund ungenauer Vorratsanzeigen oder vor Flugantritt nicht ermittelten Kraftstoffvorrats die tatsächlich mitgeführte Kraftstoffmenge nicht eindeutig bekannt ist!
Bei Auslandflügen ist besonders zu beachten, daß nicht in allen europäischen Ländern die Flugplätze so dicht beieinander liegen, wie das bei uns der Fall ist.
Besondere Sorgfalt (und Vorsicht) sind dann geboten, wenn Flüge mit nur zum Teil gefüllten Tanks durchgeführt werden sollen oder wenn die Tankkapazität überhaupt sehr gering ist.

Zum Schluß noch ein wichtiger Hinweis für die Flugdurchführung:

- **Bei jedem Überlandflug – wenn immer möglich – Funkverbindung mit dem zuständigen Informationsdienst (FIS = Flight Information Service) aufnehmen** (FREQ siehe AIP oder 'FLIEGER-TASCHENKALENDER')!

Der Fluginformationsdienst (FIS) versorgt Sie unterwegs mit wichtigen Wettermeldungen (z.B. SIGMET; **siehe Band 2, Seite 112, 15.5**) und Informationen über Gefahren im Luftraum (NOTAM). Des weiteren wird Ihr Flug durch Abgabe von Standortmeldungen (position reports) von FIS überwacht. Wenn erforderlich, erhalten Sie Verkehrsinformationen (traffic information)!

- ***Rufen Sie FIS (in Deutsch oder Englisch) bei jedem Überlandflug.***
  ***Es lohnt sich immer!***

**Anmerkung:** Der Fluginformationsdienst (FIS) übt grundsätzlich – auch wenn mit RADAR ausgerüstet – keine Flugverkehrskontrolle aus.
Sie erhalten in jedem Falle nur Informationen und Hinweise, die für die sichere Durchführung Ihres Fluges von Bedeutung sein können!